设计学院
设计基础教材

Design Elementary Textbook by Design College
Human Body Engineering

人体工程学

（第二版）

柴春雷　汪颖　孙守迁　编著

中国建筑工业出版社

图书在版编目（CIP）数据

人体工程学 / 柴春雷等编著. —2版. —北京：中国建筑工业出版社，2009（2023.2重印）
设计学院设计基础教材
ISBN 978-7-112-11225-8

Ⅰ. 人… Ⅱ. 柴… Ⅲ. 人体工效学—教材 Ⅳ. TB18

中国版本图书馆CIP数据核字（2009）第151458号

策　　划：江　滨　李东禧
责任编辑：陈小力　李东禧
责任设计：崔兰萍
责任校对：梁珊珊　陈晶晶

设计学院设计基础教材
人体工程学
（第二版）
柴春雷　汪颖　孙守迁　编著
*
中国建筑工业出版社出版、发行（北京西郊百万庄）
各地新华书店、建筑书店经销
北京三月天地有限公司制版
北京建筑工业印刷厂印刷
*
开本：880×1230毫米　1/16　印张：8¼　字数：264千字
2009年10月第二版　2023年2月第十七次印刷
定价：**29.00**元
ISBN 978-7-112-11225-8
　　　　（18494）
版权所有　翻印必究
如有印装质量问题，可寄本社退换
（邮政编码100037）

设计学院设计基础教材编委会

编委会主任	鲁晓波（清华大学美术学院副院长、博士生导师，中国美术家协会工业设计艺委会副主任）
	张惠珍（中国建筑工业出版社副总编、编审）
编委会副主任	郝大鹏（四川美术学院副院长、教授、硕士生导师，中国美术家协会环境设计艺委会委员）
	黄丽雅（华南师范大学副校长、教授、硕士生导师，教育部艺术教育委员会委员）
主编	江　滨（中国美术学院建筑学院博士）
编委会名单 （以下排名不分先后）	田　青（清华大学美术学院教授、博士生导师）
	林乐成（清华大学美术学院工艺系教授、硕士生导师，中国美术家协会服装设计艺委会委员）
	周　刚（中国美术学院设计学院副院长、教授、硕士生导师，中国美术家协会水彩画艺委会委员）
	郑巨欣（中国美术学院教务处副处长、博士、教授、博士生导师）
	邵　宏（广州美术学院研究生处处长，博士后、教授、博士生导师）
	吴卫光（广州美术学院教务处处长、博士、教授、硕士生导师）
	刘明明（四川美术学院教授、硕士研究生导师，中国美术家协会水彩画艺委会委员）
	王　荔（同济大学传播与艺术学院副院长、博士、教授、硕士研究生导师）
	孙守迁（浙江大学现代工业设计研究所博士、教授、博士生导师）

第二版序

"设计学院设计基础教材丛书"第一版14册自2007年面世以来,受到广大专业教师和学生的欢迎,作为教材,整体销售情况还是可以的。然而,面对专业设计市场和专业设计教学的日新月异发展,教材编写也是一个会留下遗憾的工作。所以我们作者感到,教材的编写需要不断地将现实中的新内容补充进去才能跟上专业市场和专业教学不断变化、不断进步的趋势;不断将具有前瞻性的探索内容补充进去,才能对专业市场和专业教学具有指导和参考意义。根据近一两年专业教材市场的变化,在与中国建筑工业出版社编辑沟通讨论后,大家一致认为有必要对原版教材内容进行结构修订、内容更新,删减陈旧资料,增加新的教学、科研成果,并根据实际情况,将原丛书14本调整为现在的12本。

修订不单是教材内容更新,"设计学院设计基础教材丛书"第二版对教材作者队伍也提出了教学经验、教材编辑经验、职称、学位等诸方面的更高要求。因此,为了保证教材的学术价值,每本书的作者中均有一位是具有副教授以上职称或博士学位教师资格的,作者全部在专业教学一线工作,教龄从几年到二十几年不等。本套丛书的作者都具有全日制硕士或博士学位,他们先后毕业于清华大学美术学院、中央美术学院、中国美术学院、浙江大学、广州美术学院、四川美术学院、湖北美术学院等国内名校,有的还曾留学海外,并多次出国进行学术交流。目前主要工作在清华大学美术学院、中央美术学院、中国美术学院、浙江大学、四川美术学院、广州美术学院等国内知名院校,许多作者身居系主任、分院领导职位。

在丛书面世后的两年间,我们作了大量的跟踪调查。从专业教师和学生两个角度去征求对本丛书的使用意见,为现在的修订做准备。本套教材第一版面世两年来,从教材教学使用中得来的经验和教训以及发现的问题是很具体的。所以,这次我们对丛书的修订工作是有备而来。我们不会回避或掩饰以前的不足、存在的问题,我们会不断地总结成功的经验和失败的教训,并为我们以后的编辑工作提供参考。我们的愿望是坚持不断做下去,不断修订,不断更新、增减,把这套丛书做得图文质量再好一点、新的专业信息再多一点……把它做成一个经典的品牌,使它的影响力惠及国内每一所开设设计专业的学校,为专业教师和学生创造价值。要做到这一点,很不容易,因为仅靠宣传是不够的,而只有真正有价值的思想才能传播得遥远。要做到这一点,我们还有很多路要走!

我们在不断努力!

中国美术学院博士

江滨

第一版序

设计学院设计专业大部分没有确定固定教材,因为即使开设专业科目相同,不同院校追求教学特色,其专业课教学在内容、方法上也各有不同。但是,设计基础课程的开设和要求却大致相同,内容上也大同小异。这是我们策划、编撰这套"设计学院设计基础教材"的基本依据。

据相关统计,目前国内设有设计类专业的院校达700多所,仅广东一省就有40多所。除了9所独立美术学院之外,新增设计类专业的多在综合院校,有些院校还缺乏相应师资,应对社会人才需求的扩招,使提高教学质量的任务更为繁重。因此,高质量的教材建设十分关键,设计类基础教学在评估的推动下也逐渐规范化,在选订教材时强调高质量、正规出版社出版的教材,这是我们这套教材编写的目的。

目前市场上这类设计基础书籍较为杂乱,尚未形成体系,内容大都是"三大构成"加图案。面对快速发展的设计教育,尚缺少系统性的、高层次的设计基础教材。我们编写的这套14本面向设计学院的设计基础教材的模型是在中国美术学院设计学院基础部教学框架的基础上,结合国内主要院校的基础教学体系整合而来。本套教材这种宽口径的设计思路,相信对于国内设计院校从事设计基础教学的教师和在校学生具有广泛适用性和参考价值。其中《色彩基础》、《素描基础》、《设计速写基础》、《设计结构素描》、《图案基础》等5本书对美术及设计类高考生也有参考价值。

西方设计史和设计导论(概论)也是设计学院基础部必开设的理论课,故在此一并配套列出,以增加该套教材的系统性。也就是说,这套教材包括了设计学院基础部的从设计实践到设计理论的全部课程。据我们调研,如此较为全面、系统的设计基础教材,在市场上还属少见。

本套教材在内容上以延续经典、面向未来为主导思想,既介绍经过多年沉淀的、已规范化的经典教学内容,同时也注重创新,纳入新的科研成果和试验性、探索性内容,并配有新颖的图片,以体现教材的时代感。设计基础部分的选图以国内各大美术学院设计学院基础部为主,结合其他院校师生的优秀作品,增加了教学案例的示范意义。

本套教材的主要作者来自于清华大学美术学院、中央美术学院、中国美术学院、浙江大学、四川美术学院、广州美术学院等国内知名院校,这些作者既有丰富的教学经验,又都有专著出版经验,有些人还曾留学海外,并多次出国进行学术交流。作者们广阔的学术视野、各具特色的教学风格,都体现在这套教材的编写中。

鲁晓波

清华大学美术学院副院长

目录

第二版序

第一版序

第1章 人体工程学 ··· 1
  1.1 概述 ··· 1
  1.2 人体工程与设计 ··· 5

第2章 人体生理学基础 ·· 7
  2.1 神经系统 ··· 7
  2.2 视觉的生理基础 ··· 8
  2.3 听觉的生理基础 ··· 8
  2.4 嗅觉的生理基础 ··· 8
  2.5 肤觉的生理基础 ··· 9

第3章 人体感知 ··· 11
  3.1 感觉 ··· 11
  3.2 知觉 ··· 13

第4章 视觉 ·· 17
  4.1 视觉机能 ·· 17
  4.2 视觉规律 ·· 20
  4.3 色彩的视觉现象 ·· 21

第5章 其他感觉机能及其特征 ··· 25
  5.1 听觉 ··· 25
  5.2 嗅觉 ··· 27
  5.3 皮肤感觉 ·· 28
  5.4 本体感觉 ·· 32
  5.5 空间知觉 ·· 32

第6章　心理学基础 · 34
6.1　心理和行为 · 34
6.2　人的行为心理与空间环境 · 37

第7章　设计心理学与消费者心理学 · 42
7.1　设计心理学 · 42
7.2　消费心理学 · 43

第8章　人体测量学 · 48
8.1　人体测量学概述 · 48
8.2　常用人体测量数据与运用 · 53
8.3　基于人体测量学的人体模板 · 60

第9章　产品设计与人体工程学 · 63
9.1　产品设计人体因素分析 · 64
9.2　产品设计中人机设计方法 · 65
9.3　手持产品人体工程学分析实例——以手机为例 · 66
9.4　家具设计人体工程学——座椅 · 75

第10章　室内环境设计与人体工程学 · 81
10.1　室内设计常用人体尺寸 · 81
10.2　人体动作空间 · 84
10.3　室内光环境设计 · 87
10.4　室内色彩环境设计 · 89
10.5　室内界面质地设计 · 92
10.6　室内空间设计 · 93
10.7　室内听觉环境设计与热环境设计 · 96

第11章　人机界面设计技术 · 99
11.1　人机界面设计概述 · 99
11.2　硬件人机界面设计 · 103
11.3　软件人机界面设计 · 109
11.4　人机界面评价技术 · 111
11.5　可用性技术 · 113

第12章　数字化人体工程 · 114
12.1　数字化人体工程技术概述 · 114
12.2　虚拟人体模型 · 116
12.3　数字化人体工程设计应用举例 · 119

参考文献 · 123

第1章 人体工程学

1.1 概述

1.1.1 人体工程学定义

人体工程学（Ergonomics）是20世纪40年代后期发展起来的一门技术科学。叙述人体工程学的定义可有各种不同的表达方法，故其名称较多。按其来源说，其名称有应用实验心理学（Applied Experimental Psychology）、应用心理物理学（Applied Psychosis）、心理工艺学（Psychotechnology）、工程心理学（Engineering Psychology）、生物工艺学（Biotechnology）；按其研究目的来说，其名称有人类工效学（Human Factors）、功量学、工力学、宜人学；按其研究内容来说，有人体工程学、人类工程学、人机工程学、机械设备利用学、人机控制学等。在我国应用的名称有人类工效学、工效学、人类工程学、人体工程学、工程心理学。国际工效学会（International Ergonomics Association，简称IEA）的会章中把工效学定义为："这门学科是研究人在工作环境中的解剖学、生理学、心理学等诸方面的因素。研究人—机器—环境系统中的交互作用着的各组成部分（效率、健康、安全、舒适等）在工作条件下，在家庭中，在休假的环境里，如何达到最优化的问题。"

从科学性和技术性方面，给人体工程学下定义：人体工程学是研究"人—机—环境"系统中人、机、环境三大要素之间的关系，为解决系统中人的效能、健康问题提供理论与方法的科学。

人：指作业者或使用者。

机：指机器，包括人操作和使用的一切产品和工程系统。怎样才能设计满足人的要求、符合人使用的特点的机器产品，是人体工程学探讨的重要课题。

环境：指人们工作和生活的环境，噪声、照明、气温等环境因素对人的工作和生活的影响，是研究的主要对象。

系统：指由相互作用和相互依赖的若干组成部分结合成的具有特点功能的有机整体，而这个"系统"本身又是它所从属的一个更大系统的组成部分。

人体工程学的特点是，它不是孤立地研究人、机、环境这三个要素，而是从系统的总体高度，将它们看成是一个相互作用、相互依赖的系统。

人体工程学不同的命名和定义已经充分体现了该学科是"人体科学"与"工程技术"的结合。实际上，这一学科就是人体科学、环境科学不断向工程科学渗透和交叉的产物。它以人体科学中的人类学、生物学、心理学、卫生学、解剖学、生物力学、人体测量学等为"一肢"；以环境科学中的环境保护学、环境医学、环境卫生学、环境心理学、环境监测技术等学科为"另一肢"，而以技术科学中的工业设计、工业经济、系统工程、交通工程、企业管理等学科为"躯干"，形象地构成了本学科的体系。从人体工程学的构成体系来看，它就是一门综合性的边缘学科，其研究的领域是多方面，可以说与国民经济的各个部门都有密切的关系。由于社会分工不同，分为职业性和非职业性两类。职业性指从事物质文明和精神文明创造活动中对工具、设备、环境进行设计、加工的专业活动，在这个范畴中运用人体工程学以便创造符合人的生理需求的，高效、优化和完美的"人—机—环境"系统；非职业性指自我服务性范畴，如家务活动、休息及娱乐活动等，在这个范畴中，运用人体工程学以便创造出高效率，减少疲劳，有利于身心健康的高质量生活。

总而言之，由于人体工程学将人体科学与工程技术科学两大类科学紧密结合，不仅具有明显的提高生产效率的实践意义，更具有理论研究上的开拓意义。它的研究和发展，丰富和扩大了人体科学和工程技术科学的内涵和外延，直接影响和推动这两大类科学的发展和进步。

1.1.2 人体工程学发展历史

（1）原始人机关系——人与器具

人类从开始制造工具起，就在研究人如何使用工具及工具如何适宜人使用这样一个人与工具的关系问题。早期人类制造工具的过程实际上主要是设法使之能适于人手和脚使用的过程，如石器时代，人类学会选择石块打制成可供敲、砸、刮、割的各种工具。之所以称为工具，因为它具备两个条件：一是人手拿得动、握得住；二是手握的部分适合人手的形态，不会因反作用力而将手刺破。人类社会就是在不断创造人和物相互适应的机会的过程中发展和前进的。

（2）古代人机关系——经验人体工程学

我国对人与工具之间相互配合规律性的研究有着悠

久的历史和辉煌的成就。早在两千多年前的《冬官考工记》中，就记载有我国商周时期根据人体尺寸设计制作各种工具及车辆的论述。"车有六等之数：车轸四尺，谓之一等；戈木必六尺有六寸，既建而迤，崇于轸四尺，谓之二等。人长八尺，崇于戈四尺，谓之三等。殳长寻有四尺，崇于人四尺，谓之四等。车戟常，崇于殳四尺，谓之五等。酋矛常有四尺，崇于戟四尺，谓之六等。车谓之六等之数。凡察车之道，必自载于地者始也，是故察车自轮始。凡察车之道，欲其朴属而微至。不朴属，无以为完久也；不微至，无以为戚速也。轮已崇，则人不能登也。轮已庳，则于马终古登阤也。故兵车之轮六尺有六寸，田车之轮六尺有三寸，乘车之轮六尺有六寸。六尺有六寸之轮，轵崇三尺有三寸也，加轸与轐焉，四尺也；人长八尺，登下以为节。"这一段清楚地描述了马拉车辆设计中，车轮结构及尺寸如何按人的尺寸设计，以保证其宜人性，又使马的力量得以很好发挥。战国时期的《黄帝内经》中，对人体尺寸的测量方法、测量部位、测量工具、尺寸分类等有着详细的说明。如"其可为度虽者，其中度也"是对测量对象提出的要求，"若夫八尺之士，皮肉在此，外可度量切循而得之"、"其死可解剖而视之"为体表尺寸测量部位的测量方法和解剖方法。指南车的发明是古代经验人体工程学的典范，是最早的自动控制系统，与现代反馈原理相吻合。

由此可见，中国古代虽然没有系统的人体工程学研究方法，但其工具的发展完全符合人体工程学的原理，由简单到复杂，由直线到适合于人使用，逐步科学化。

(3) 近代人机关系——科学的人体工程学

尽管应用人体工程学的原理创造了古代的非凡成就，但真正采用科学的方法，系统研究人的能力与其所使用的工具之间的关系却开始于19世纪末。随着工业革命时期的开始与发展，人们所从事的劳动在复杂程度和负荷量上有了很大的变化，迫使应用近代的研究手段对工具进行改革以改善劳动条件和提高劳动生产率。这方面研究工作的先驱者当首推美国的F·W·泰勒、F·B吉尔伯雷斯及其夫人丽莲·吉尔伯雷斯。现代管理学之父泰勒从1898年进入伯利恒钢铁公司之后便开始了他的铁块搬运、铁锹铲掘及金属切割作业研究，通过一系列实验，总结出一套管理原理，以1903年发表的论文《论工厂管理》为标志，开创了人体工程学的研究。1911年，以动作闻名于世的吉尔伯雷斯夫妇，通过快速拍摄影片，详细记录了工人的操作动作后，进行技术和心理两方面的分析研究，提出了著名的"吉尔伯雷斯基本动作要素分析表"，他们的研究成果被后人称为"动作与时间研究"，动作与时间研究对于提高作业效率至今仍有其重要意义。

与泰勒同一时期的心理学界，1903年德国心理学家L·W·斯腾首次提出"心理技术学"这一名词，尝试将心理学引入工业生产。现代心理学家H·M·闵斯托博格则是最早将心理学应用于工业生产的人，他于1912年前后出版了《心理学与工业效率》等书，将当时心理技术学的研究成果与泰勒的科学管理学从理论上有机地结合起来，运用心理学的原理和方法，通过选拔与培训，使工人适应机器。这就是后来以人的因素（人体尺寸、人体力学、生理学及心理学因素）为基础，研究人机界面的信息交换过程，进而研究人机系统设计及其可靠性的评价方法而形成的人体工程学。它和"动作与时间研究"并称为人体工程学领域的两大分支，现已成为工业管理及工程设计中两门重要的应用性科学。

在这一阶段中，人机关系的特点是：以机械为中心进行设计，通过选拔和训练，使人适应机器。此期间的研究成果为人体工程学学科的形成打下了良好的基础。

(4) 现代人机关系——系统的人体工程学

人体工程学作为一门学科，其成熟前期的基础性发展在第二次世界大战期间。当时由于战争的需要，军事工业得到了飞速的发展，武器装备变得空前庞大和复杂。此时，完全依靠选拔和培训人员，已无法使人适应不断发展的新武器的性能要求，事故率大为增多。据统计，美国在第二次世界大战中发生的飞机事故，90%是由人为因素造成的。人们在屡屡失败中逐渐清醒，认识到只有当武器装备符合使用者的生理、心理特性和能力限度时，才能发挥其高效能，避免事故的发生。于是，对人机关系的研究从使人适应于机器转入了使机器适应于人的新阶段。也正是在此时，工程技术才真正与生理学、心理学等人体科学结合起来，从而为人体工程学的诞生奠定了基础。

第二次世界大战后，A·查帕尼斯等于1949年出版了《应用实验心理学——工程设计中人的因素》一书，总结了第二次世界大战时期的研究成果，系统地论述了人体工程学的基本理论和方法，为人体工程学作为一门独立的学科奠定了理论基础。1954年W·E·伍德林发表了他的《设备设计中的人类工程学导论》，该书具有承上启下的意义。1957年E·J·麦克考米克所著的《人类工程学》是第一部关于人体工程学的权威著作，标志着这一学科已进入成熟阶段。

1.1.3 人体工程学的研究现状

在国外，人体工程学已经有60多年的发展历史，随着对人体能力和局限的研究，以及在产品设计中对人、机器、环境的进一步认识，人体工程的应用逐步走向了实用阶段，特别是在航天飞行器安全设计、汽车设计、家居环境设计、办公室空间设计等方面，它已经成为设计是否成功的决定因素。但是随着计算机技术，特别是计算机图形学、虚拟现实技术及高性能图形系统的发展，使人们对人体工程的研究已经不是简单地局限在以数据积累和基于统计的简单应用范畴，而是要充分利用计算机的高性能图形计算能力建立基于3D的图形化、交互式、真实感，基于物理模型的虚拟环境设计评价与仿真验证平台。

在人体工程计算机模拟研究方面，英国诺丁汉大学是最早研究人机系统模拟程序软件的。其所开发的商品化软件SAMMIE能进行工作范围测试、运动干涉检查、视阈检测、作业姿势评价和平衡计算等。美国麦克唐纳·道格拉斯飞机制造公司，在计算机上把人的模拟系统和飞机模拟系统结合起来，在飞机设计阶段就能将可能遇到的装配、使用和维护问题暴露出来并加以解决，便于修改设计、降低设计费用。

在人体模型方面，许多工业化国家都有不同地区不同人体的统计数据，这固然对工业设计有一定的参考作用，但由于这种数据是静态数据，只能利用这些数据对最后的产品进行一定的评价，而很难将这些人体数据应用到产品设计过程或动画制作过程中去。近年来主要工业化国家，如英国和美国就开始了人体模型的研究。英国的人体数据公司研制的PeopleSize系统，是一个基于平面线框图的人体数据系统，对人体各部分的主要尺寸及比例关系进行了比较详细的研究。但由于它是一个静态的平面模型，所以远远不能适应动画制作和产品设计的要求。Deneb公司和EAI公司在近些年也相继推出了ERGO及JACK人体模型系统。它们都具有三维功能及多自由度，能够适应许多工业设计的需要。

在人体工程虚拟仿真方面，美国马萨诸塞州SensAbleTechnologies公司研制开发的具有力反馈的三维交互设备Phantom及其配套的软件开发工具GHOST，性能良好，获得了用户的好评。这是一种可编程的、具有触觉及力反馈功能的装置。目前，该公司有两类产品：一类是桌面Phantom系统，其工作空间较小，约为15厘米见方的立方体。另一类是PremiumPhantom系统，其工作空间较大。GHOST是一个面向对象的由C＋＋编写的软件开发工具包，用户使用它可以将力反馈交互设备集成到图形应用软件中。与此同时，它还提供了与Windows NT和SGIIRIX的接口。Phantom系统是一个类似于小型机械手的装置，对于三维虚拟模型或数据具有定位功能，就如同二维鼠标对二维图像具有指示和定位功能一样。当Phantom的机械臂在工作空间中运动时，就会在计算机屏幕上出现一个指示针，反映机械臂在工作空间中的位置。通过碰撞检测等技术探测到指示针与虚拟模型接触时，计算机会发出信号，通知机械臂接触到了虚拟模型，并将该模型的物理性质，如质量、软硬程度、光滑程度等反馈给Phantom系统，再由该系统产生相应的力传递给操作者，使其具有力的感受，从而实现了力反馈。目前，该系统的用户有美国的通用电器、迪斯尼、日本的丰田等公司，以及美国、欧洲、亚洲的大学和研究所等。

在中国，人体工程学的研究在20世纪30年代开始即有少量的开展，但系统和深入的开展则在1980年以后。1980年4月，国家标准局成立了全国人类工效学标准化技术委员会，统一规划、研究和审议全国有关人类工效学的基础标准的制定。1984年，国防科工委成立了国家军用人—机—环境系统工程标准化技术委员会。这两个技术委员会的建立，有力地推动了我国人体工程学研究的发展。此后在1989年又成立了中国人类工效学学会，1995年9月学会会刊《人类工效学》季刊创刊。

虽然人体工程学在中国已有所进展，但是和发达国家相比还非常落后。中国在人力资源方面相对充裕和廉价，像"王铁人"这样的劳动楷模，就其奉献精神和坚强的意志固然让人钦佩，但从人体工程学角度来看，却体现出技术的落后和对人力的滥用。随着我国科技和经济的发展，人们对工作条件、生活品质的要求也逐步提高，对产品的人体工程特性也会日益重视，一些厂商把"以人为本"的"人体工学"的设计作为产品的卖点，也正是出于对这种新的需求取向意识的体现。

事实上，在我国不光普通公众，即使理工科的大学毕业生，也大都不太知道这门学科的有关情况。从中国专利局公布的专利授予可以看出，人类发明创造的很大一部分，都是关于如何使各种器具变得更省力和方便。虽然人体工程学正是为这类改进提供系统的理论和方法，但就像少儿姿势纠正器一样，大多数发明人显然也缺乏相关的基础知识。这都反映出人体工程学在我国不仅有待研究和提高，更亟须宣传和普及。原杭州大学朱祖祥教授主编的《人类工效学》教程序言也指出："人类工效学工作者除了要努力从事研究工作外，还需向全社会广作宣传。"

在我国，人体工程技术研究的真正兴起并有组织地进行，仅有数十年的历史。当前，人体标准数据库、三维人体模型以及一些人机设计系统、评估系统已得到广泛应用。

1.1.4 研究内容

尽管目前人体工程学的定义尚不统一，但就其研究对象和研究目的而言，并无实质上的差别。因此，从人体工程学的定义出发，可以认为，人体工程学的研究对象是人—机—环境系统的整体状态和过程。在人—机系统中，不论机器达到何种高度的自动化水平，机器始终处于为人服务且被人所控制、监视、利用的地位，而人则始终处于主导地位。因此人体工程学的任务，就在于使机器的设计和环境条件的设计适应于人，以保证人的操作简便省力、迅速准确、安全舒适，充分发挥人机效能，使整个系统获得最佳经济效益和社会效益。

根据人体工程学的任务，其研究内容主要包括以下几个相互关联的方面（图1-1）：

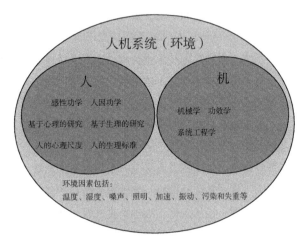

图1-1 人体工程学研究体系

（1）人体特性研究

人的生理、心理特性和能力限度，是人—机—环境系统设计的基础。人体工程学从工程设计角度出发，研究人的生理、心理特性及能力限度，如人体尺寸、人体力量和能耐受的压力、人体活动范围、人从事劳动时的生理功能、人的信息传递能力、人在劳动中的心理过程、人的行为、人的可靠性等。一切与人体相关的机电设备、用具、设施、作业等以及人—机—环境系统的设计，都须结合人的数据资料和要求，以便使其适应于人。

（2）研究人机功能的合理分配

人—机系统中的两大组成部分——人与机都有各自的能力和限度。人体工程学研究如何根据人、机各自的机能特征和限度，合理分配人、机功能，在人—机系统中，使其发挥各自的特长，并相互补充、取长补短、有机配合，以保证系统的功能最优。

（3）工作场所和信息传递装置设计

工作场所设计得合理与否，将对人的工作效率产生直接的影响。工作场所设计一般包括：工作空间设计、座位设计、工作台或操纵台设计以及作业场所的总体布置等。这些设计都需要应用人体测量学和生物力学等知识和数据。

（4）研究作业及其改善

人体工程学研究人在从事重体力作业、技能作业和脑力作业时的心理、生理变化，并据此确定作业时的合理负荷及能耗量、合理的作业和休息制度、合理的操作方法，以减轻疲劳，保证健康，提高作业效率。

人体工程学还研究作业分析和动作经济原则，寻求最经济、最省力、最有效的标准工作方法和标准作业时间，以消除无效劳动，合理利用人力和设备，提高工作效率。

（5）研究人的可靠性和安全

随着工程系统的日益复杂和精密，操作人员面对大量的显示器和控制器，容易出现人为差错导致事故的发生。因此，研究人的可靠性，对于提高系统的可靠性具有十分重要的意义。人体工程学研究影响人的可靠性的因素，为减少人为差错、防止事故发生提供途径和方法。

从以上分析可以得出，人体工程学是一个交叉性学科，主要领域是面向应用的设计与评价。其进一步发展必须摆脱原有的完全基于数据积累的模式，可视化、交互式、协同性、基于各种人体仿真模型将是其发展的必然方向，只有这样才能与设计相融合，实现其应用价值。

1.1.5 研究方法

人体工程学多学科性、交叉性、边缘性的特点决定了其研究方法也具有多样性，既有沿袭相关学科的研究方法，也有适合于本学科的独特的研究方法，目前人体工程学常用的研究方法有以下几种：

（1）资料研究法

资料研究是最基本的研究方法。不论研究哪类人机系统，首先都必须搜集到较丰富的资料，在对有关资料的整理、加工、分析和综合的基础上，找到系统的内涵规律性。

（2）调查分析法

调查分析是人体工程学研究中最重要的方法之一，应用非常广泛，既通用于带有经验性的问题，也适用于各种心理量的统计。一般包括口头询问法、问卷调查法和跟踪显示观察法。口头询问法，通过与被调查人的谈话，评价被调查人对某一特定环境的反应，要求提问简明、用语准确、思路清晰。问卷调查法，事先设计好问卷，做到问题明确、填答方便、重点突出，以便被调查人能正确填答。跟踪观察法，通过直接观察和间接观察，记录自然环境中被调查者的行为表现、活动规律，然后进行分析。

（3）实验室法

指在人为设计的环境中测试实验对象的行为或反应的一种研究方法。一般在实验室进行，也可在作业现场进行。参加实验的"人"可以是真人，也可用人体模型（如汽车防撞试验中的人体模型）。测试结果一般不宜直接用于生产实际，应用时需结合真人实验进行修正和补充，一般分为客观仪器测试和感官评价实验法两种。

（4）现场实测法

指在作业现场借助工具、仪器设备进行测量的方法。例如人体尺寸的测量、人体生理参数的测量（能量代谢、呼吸、脉搏、血压、尿、汗、肌电、心电图）、作业环境参数的测量（温度、湿度、照明、噪声、特殊环境下的失重、辐射等）。

（5）模拟试验法

运用各种技术和装置的模拟，对某些操作系统进行逼真的试验，可得到所需要的更符合实际的数据的一种方法。例如训练模拟器，各种具体模型、机械模型、计算机模拟等。在进行人一机一环境系统研究时常常采用这种方法，因为模拟器或模型通常比所模拟的真实系统价格便宜得多，如服装CAD比传统设计成本降低10%~30%。因此，这种仅用低廉成本即可获取符合实际研究效果的方法，得到了越来越多的应用。

（6）系统分析法

此法体现了人体工程学将人一机一环境系统作为一个综合系统考虑的基本观点，它是在资料研究法基础上进行的一种研究方法。通常包括作业环境的分析、作业空间的分析、作业方法的分析、作业组织的分析、作业负荷的分析、信息输入及输出的分析等，其中采用的方法有瞬间操作分析法、知觉与运动信息分析法、动作负荷分析法、频率分析法、相关分析法等。

1.2 人体工程与设计

人体工程学与产品设计的关系，大至宇航系统、城市规划、建筑设施、自动化工厂、机械设备、交通工具……小至家具、服装、文具以及盆、杯、碗、筷等生活用品。人体工程学与产品设计的关系见表1-1：

人体工程与工业设计相关的研究领域　　　　　表1-1

领　域	对　　象	实　　例
设施或产品的设计	宇航系统 建筑设施 机械设备 交通工具 仪器设备 器　具 服　装	火箭、人造卫星、宇宙飞船等； 城市规划、工业设施、工业与民用建筑等； 机床、建筑机械、矿山机械、农业机械、渔业机械、林业机械、轻工机械、动力设备、一级计算机等； 飞机、火车、汽车、电车、船舶、摩托车、自行车等； 计量仪器、显示仪表、检测仪器、医疗器械、照明器具、办公器械以及家用电器等； 家具、工具、文具、体育用品以及生活用品等； 劳保服、生活用服、安全帽、劳保鞋等
作业的设计	作业姿势、作业方法、作业量以及工具的选用和配置等	工厂生产作业、监视作业、车辆驾驶作业、物品搬运作业、办公室作业以及非职业化活动作业等
环境的设计	声环境、光环境、热环境、色彩环境、振动、尘埃以及有毒气体环境等	工厂、车间、控制中心、计算机房、办公室、车辆驾驶室、交通工具的乘坐空间以及生活用房等

人体工程设计具有横向学科性质，与国民经济的各个部门都有密切关系。因此，其应用范围十分广泛。由工业设计这一范畴来看，从巨大的工业系统（如航天航空系统、核电站、自功化工厂、联合生产装置等）到家庭活动（如居室布置、家具、卫生设备等），从一般机具（如金属切削机床、汽车、拖拉机、起重设备以及手动工具等）到高科技产品（如电子计算机、机器人、传真机等），从日常用品（如自行车、摩托车、照相机、电视机、服装、文具、锅、碗、盆、盏等）到工程建筑（如城市规划、建筑设施、道路、桥梁、工业与民用建筑等）。总之，为人类各种生产和生活所创造的一切"物"，在设计与制造时，都必须运用人机工程设计的原理和方法，以解决人机之间的关系，使其更好地适应人的要求。

为了进一步明确工业设计的含义，下面引用国际工业设计学会联合会（International Council of Societies of Industrial Design）对工业设计的定义：工业设计是一种创造性的活动，旨在确定工业产品的外观质量。虽然，外观质量包括外形及表面特征，但重要的还在于决定功能与结构的关系，从而获得一种使生产者与使用者都能满意的外观造型。由此定义，可以知道工业设计的含义必须包括：

（1）是一种创造性活动；

（2）不只注重产品外形及表面质量的美观，还须注重与产品的结构和功能的关系；

（3）满足生产者和使用者的要求，即达到方便宜人与环境协调的人机关系。

由此可知，人体工程学与工业设计有着密切的关系，其研究的内容及对工业设计的作用可概括为以下几个方面：

（1）为工业设计中考虑"人的因素"提供人体尺度参数。

应用人体测量学、人力学、生理学、心理学等学科的研究方法，对人体结构特征和机能特征进行研究，提供人体各部分的尺寸、体重、体表面积、比重、重心，以及人体各部分在活动时相互关系和可及范围等人体结构特征参数，提供人体各部分的发力范围、活动范围、动作速度、频率、重心变化以及动作时惯性等动态参数，分析人的视觉、听觉、触觉、嗅觉以及肢体感觉器官的机能特征，分析人在劳动时的生理变化、能量消耗、疲劳程度以及对各种劳动负荷的适应能力，探讨人在工作中影响心理状态的因素，及心理因素对工作效率的影响等。人体工程学的研究，为工业设计全面考虑"人的因素"提供了人体结构尺度、人体生理尺度和人的心理尺度等数据，这些数据可有效地运用到工业设计中去。

（2）为工业设计中"产品"的功能合理性提供科学依据。

现代工业设计中，如搞纯物质功能的创作活动，不考虑人体工程学的需求，那将是创作活动的失败。因此，如何解决"产品"与人相关的各种功能的最优化，创造出与人的生理和心理机能相协调的"产品"，这将是当今工业设计中在功能问题上的新课题。人体工程学的原理和规律将是设计师在设计前考虑的问题。

（3）为工业设计中考虑"环境因素"提供设计准则。

通过研究人体对环境中各种物理因素的反应和适应能力，分析声、光、热、振动、尘埃和有毒气体等环境因素对人体的生理、心理以及工作效率的影响程度，确定了人在生产和生活活动中所处的各种环境的舒适范围和安全限度，从保证人体的健康、安全、合适和高效出发，为工业设计方法中考虑"环境因素"提供了设计方法和设计准则。

（4）为进行人—机—环境系统设计提供理论依据。

人体工程学的显著特点，是在认真研究人、机、环境三大要素本身特点的基础上，不单纯着眼于个别因素的优良与否，而是将使用"产品"的人和所设计的"产品"以及人与"产品"所处的环境作为一个系统来研究，即"人—机—环境"系统。在这个系统中人、机、环境三大要素之间相互作用、相互依存的关系决定着系统的性能。本学科的人机系统理论，就是科学地利用三要素之间的有机联系来寻求系统的最佳参数。

以上几点充分体现了人体工程学为工业设计开拓了新设计思路，并提供了独特的设计方法和理论依据。社会发展，技术进步，产品更新，生活节奏紧张，这一切必然导致"产品"质量观的变化。人们将会更加重视"方便"、"舒适"、"可靠"、"价值"、"安全"、和"效率"等方面的评价，人体工程学等边缘学科的发展和应用，也必须将工业设计的水准提升到人们所追求的那个崭新高度。

本章思考题

（1）人体工程学的含义？

（2）试述人体工程学的研究内容。

（3）试述人体工程学与设计的关系。

（4）人体工程学的研究方法有哪些？

第2章 人体生理学基础

人类认识世界、改造世界，首先必须要依靠人的感觉系统才可能实现人和环境的交互作用。人的感觉系统由神经系统和感觉器官两部分组成。了解神经系统，才能了解心理活动发生的过程；了解感觉器官，才能懂得刺激与效应发生的生理基础。人类与环境直接发生作用的主要感官是眼、耳、鼻、口、皮肤，以及由此产生的视觉、听觉、嗅觉、味觉和肤觉，我们可以称之为"五觉"。

2.1 神经系统

2.1.1 神经系统的组成及其功能

神经系统是人体生命活动的调节中枢，人类生活在千变万化的自然环境中，对于外界的刺激都能作出相应的反应。比如手碰到火马上会缩回来，这种现象称为应激性，它是通过反射在神经元（一系列的基本神经单位）所形成的反射弧中完成的：刺激被感受器接受后，传入神经元和中枢神经元，将刺激信号变为指令信号，再通过传出神经元到达效应器官而发生作用。一般的反射活动都是在脊髓上发生的，而大脑皮层则能发生高级的反射——具有思维和意识的功能。

神经系统可分为中枢神经系统和周围神经系统（图2-1）。前者包括脑和脊髓，是神经系统的高级部分，其中脑又分为大脑、小脑、间脑和脑干四个部分。周围神经则是由脑干发出的12对脑神经和脊髓发出的31对脊神经组成，它们广泛分布于全身各处，能感受体内外的各种变化。在周围神经系统中，又把管理内脏活动的神经称为植物性神经。根据它的功能，又可分为交感神经、副交感神经两种，它们能调整内脏平滑肌收缩，使体内外保持相对平衡，提高人体适应自然界的能力。

大脑是一个极为复杂的组织，一般来说，大脑对人体控制的关系是：左右脑半球与左右侧人体为交叉倒置关系（左半大脑支配右半身运动，右半大脑控制左半身运动；大脑上部管理人体下半身，而大脑下部正好相反；左半球偏重于语言功能，右半球则偏重于有关空间概念的功能）。小脑主管人体的运动平衡，脑干和间脑参与调节。

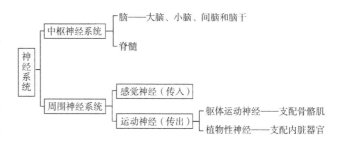

图2-1 神经系统组成

大脑是人体的最高司令部，分左右两个半球，依靠底面的胼胝体相连（图2-2）。半球上布满了沟回，表面一层称为大脑皮层，是神经细胞最密集的地方，平均厚度约1.5～4.5mm。皮层下面的髓质由传递各种信息的神经纤维所组成。大脑皮层的各个区，管理各种不同的功能，又分为各个小区，主要有视小区、听小区、嗅小区、语言区、躯体感受区和躯体运动区等。

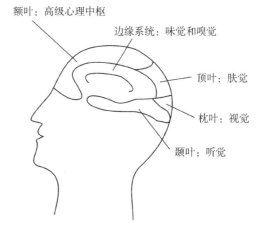

图2-2 大脑各中枢的相对位置

2.1.2 研究神经系统的意义

2.1.2.1 神经系统是人体的主导系统

人体全身的各器官、各系统是在神经系统的统一控制和调节下，互相影响、互相协调的，从而保证机体的整体统一以及与外界环境的相对平衡。在这个过程中，首先要借助感受器官接受体内外环境的各种信息，然后通过脑和脊髓各级中枢神经的整合，最后经周围神经控制、调节各个系统的活动，使人体对多变的外部环境作出反应，同时也调节着人体内部环境的平衡。

2.1.2.2 神经系统是心理现象的物质基础

人体感觉系统的各个感官，均有各自明确的生理功能，然而在接受外部环境刺激的同时，又具有复杂的生理机制，通过神经系统共同参与认识外部事物，故这也是心理活动的生理基础。从心理学角度看，人的一切心理和意识活动也是通过神经系统的活动来实现的。关于心理学，我们会在后面的章节中专门讲述。

2.2 视觉的生理基础

眼睛是人体最精密、最灵敏的感觉器官，外部环境约有80％的信息是通过眼睛来感知的。眼睛由眼珠、眼眶、结膜、泪器、眼外肌等组成（图2-3）。

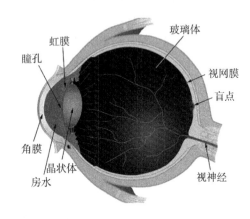

图2-3 眼睛生理结构

每只眼球直径约25mm，重约7g。前面是透明的角膜，其余部分包以粗糙而多纤维的巩膜，借以保护眼睛不受损伤并维持其形状不变。中间层是黑色物质的脉络膜，富有血管。视网膜是薄而纤细的内膜，它含有光感受器和一种精致而相互连接的神经组织网络。

作为一个光学器官的眼睛，类似于一架照相机：来自视野的光线由眼睛聚焦，从而在眼睛后面的视网膜上形成一个相当准确的视野的倒像。这种光学效应，绝大部分来源于角膜的曲度。借助改变晶状体形状还能对远处和近处物体的焦点作细微的调整。在晶状体两侧的前房和后房里充满着透明物质。虹膜是色素沉着的结构，它的中心开孔就是瞳孔，能以类似照相机改变光圈的方式缩小或扩大。

外界物体发出或反射的光线，从眼睛的角膜、瞳孔进入眼球，穿过如放大镜的晶状体，使光线聚集在眼底的视网膜上，形成物体的像。图像刺激视网膜上的感光细胞，产生神经冲动，沿着视神经传到大脑的视觉中枢，在那里进行分析和整理，就产生了具有形态、大小、明暗、色彩和运动的视觉。

2.3 听觉的生理基础

耳朵包括外耳、中耳和内耳三部分，图2-4中是人耳的构造。

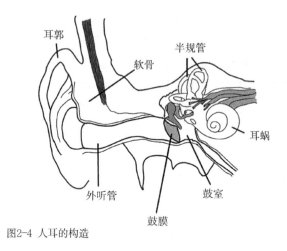

图2-4 人耳的构造

外耳由耳郭和外耳道组成，耳郭有收集声波的作用，外耳道是声音传入中耳的通道。中耳包括鼓膜、鼓室和听小骨。鼓膜在外耳道的末端，是一片椭圆形的薄膜，厚约0.1mm。当外面的声音传入时即产生振动，把声音变成多种振动的"密码"传向后面的鼓室。鼓室是一个能使声音变得柔和而动听的小腔，腔内有三块听小骨，即锤骨、镫骨和砧骨。听小鼓能把鼓膜的振动波传给内耳，在传导过程中，能将声音信号放大十多倍，使人能听到轻微的声音。鼓室下部有一咽鼓管通到鼻咽部，当吞咽或打哈欠时管口被打开，以使鼓膜两侧的气压保持平衡。

内耳由耳蜗、前庭和半规管组成，结构复杂而精细，管道弯曲盘旋，可以又叫"迷路"。其中耳蜗主管听觉，前庭和半规管则掌握位置和平衡。耳蜗是一条盘成蜗牛状的螺旋管道，内部有产生听觉的"基底膜"。基底膜上有2.4万根听神经纤维，其上附着许多听觉细胞。当声音振动波由听小骨传导至耳蜗以后，基底膜便把这种机械振动传给听觉细胞，产生神经冲动，再由听觉细胞把这种冲动传到大脑皮层的听觉中枢，形成听觉，人便能听到来自外界的各种声音了。

2.4 嗅觉的生理基础

依靠嗅觉可以辨别有害气体（如煤气），也可以辨别花朵的芬芳，感知刺激作用主要是依靠人的嗅觉器官，即鼻子。人的鼻子由外鼻、鼻腔与副鼻窦三部分组成（图2-5）。

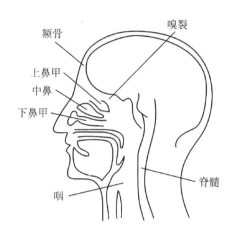

图2-5 鼻子的构造

鼻子由骨和软骨作支架，外鼻的上端为鼻根，中部为鼻背，下端为鼻尖，两侧扩大为鼻翼。鼻腔被鼻中隔分成左右两半，内衬黏膜。由鼻翼围成的鼻腔部分叫鼻前庭，生有鼻毛，有阻挡灰尘吸入、过滤空气的作用。在鼻腔的外侧壁有上、中、下三个鼻甲，鼻甲使鼻腔黏膜与气体接触面增加。在上鼻甲以上和鼻中隔上部的嗅黏膜内有嗅细胞。嗅细胞的一端有一条纤毛状的突起，另一端则是一条神经纤维。嗅神经细胞发出的神经纤维逐渐聚集，变成嗅神经，通过鼻腔顶部的筛骨后，组成嗅球与大脑的嗅觉中枢直接联系。

当有气味的化学微粒从吸入的空气中到达嗅黏膜，嗅神经纤维受刺激后即传入大脑嗅觉中枢，从而辨别出物体的气味。一般人可辨出约200种不同的气味。当鼻子闻一种气味持续时间过长，由于嗅觉中枢的"疲劳"，反而感觉不到原有的气味。

2.5 肤觉的生理基础

人体能够感知空气的温度和湿度，感知温湿度的幅度分布以及流动情况；能够感知室内空间、家具、设备等各个界面对人体的刺激程度：振动大小、冷暖程度、质感强度等；能够感知物体的形状和大小等。除了视觉器官的作用之外，这主要依靠人体的肤觉及触觉器官——皮肤。

皮肤是人体面积最大的结构之一，具有各式各样的机能和较高的再生能力。人的皮肤由表皮、真皮、皮下组织等三个主要的层和皮肤衍生物（汗腺、毛发、皮脂腺、指甲）所组成（图2-6）。

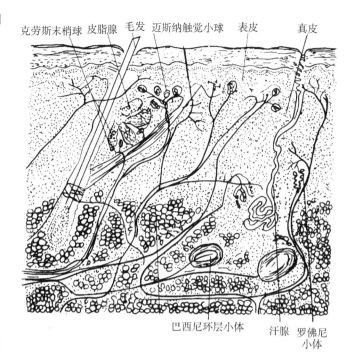

图2-6 皮肤构造模式图

皮肤对人体有防卫功能。成年人的皮肤面积约有$1.5\sim2m^2$，其重量约占体重的16%。它使人体表面有了一层具有弹性的脂肪组织，能够缓冲人体受到的碰撞，可防止内脏和骨骼受到外界的直接侵害。

皮肤有散热和保温的作用，具有"呼吸"功能。当外界温度升高时，皮肤的血管就扩张、充血，血液中所带的体热就通过皮肤向空气释放；同时汗腺大量分泌汗液，通过排汗带走体内多余的热量。当外界寒冷时，皮肤的血管就收缩，血量减少，皮肤温度降低，散热速度减慢，从而使体温保持恒定。

皮肤内有丰富的神经末梢，是人体最大的一个感觉器官，它对人的情绪发展也有重要作用。皮肤中广泛分布的自由神经末梢，构成了真皮神经网络，形成了位于真皮中的感受器，可产生触、温、冷、痛等感觉。

除自由神经末梢外，在皮肤中还存在着具有特殊结构的神经终端。在真皮乳头层内，一些神经纤维绕成圈，互相重叠，形成线团状的终端结构，称作克劳斯（Krause）末梢球，长期被视为冷感受器。在真皮内还有罗佛尼（Ruffini）小体，它是神经末梢圈成柱状结构，带有长的末梢，曾被视为热感受器，也被一些人视为机械感受器。

毛发感受器仅存在于有毛的皮肤内，感觉神经纤维在皮脂腺下方缠绕于毛发的颈部，这种结构对于毛发的运动极其敏感，故毛发感受器也被视为压力感受器。

触盘位于表皮的深部，是神经纤维终端形成的薄的扁圆形结构，其功能与触觉有关。

迈斯纳（Meissner）触觉小球仅存在于无毛的皮肤的真皮乳头层内，其神经纤维盘成螺旋状，一般被认为是机械感受器，对皮肤表面的变形起反应。

巴西尼（Pacini）环层小体是最发达的皮肤感受器，是皮肤中最大的神经终端，位于真皮的下层，以及关节、神经干和许多血管的附近。它对皮肤变形很敏感，是振动信号的重要感受器。

对皮肤感受器的结构和机能，还存在许多不同的看法。人体的皮肤，除面部和额部受三叉神经的支配外，其余都受31对脊神经的支配，构成完整的神经通路，传达皮肤的各种感觉。

本章思考题

（1）试述人体视觉机能的生理基础。

（2）试述人体听觉机能的生理基础。

（3）试述人体肤觉机能的生理基础。

（4）研究神经系统的意义？

（5）试述神经系统的功能。

（6）人类与环境发生作用的主要感官和"五觉"是什么？

第3章 人体感知

3.1 感觉

3.1.1 定义

感觉是人脑对直接作用于感觉器官的事物个别属性的反映,是一种最简单而又最基本的心理过程,是人们了解外部世界的渠道,也是一切高级的、较复杂的心理活动的基础和前提,比如思维、情绪、意志等。它是人认识客观世界的开端,是一切知识的源泉,它引导我们去认识世界,也提醒我们保护自己。失去某种感觉是危险的,失去视觉则看不见东西,失去痛觉就无法预防一些伤害。所以,虽然感觉是一种最简单的心理现象,但它对我们有着极其重要的意义,也是人正常心理活动的必要条件。

感觉还反映人体本身的活动状况,如感觉到自身的姿势和运动,感觉到内部器官的工作状况——舒适、疼痛、饥饿等。

但感觉这种心理现象并不反映客观事物的全貌。感觉是刺激作用下分析器活动的结果,分析器是人感受和分析某种刺激的整个神经机制,它由感受器、传递神经和大脑皮层响应区三个部分组成。

3.1.2 类型

第一类:反映外界各种事物个别特性的感觉,称为外部感觉。如视觉、听觉、化学感觉(嗅觉、味觉)、皮肤觉。它们的感觉器官称为外在分析器,这就是眼、耳、鼻、口、皮肤的生理基础。

第二类:反映我们自身各个部分内在现象的感觉,称为本体感觉,如运动觉、平衡觉、内脏觉。它们的感觉器官称为内在分析器,如肌肉、肌腱和关节的运动感觉器,耳内的前庭器官是平衡感觉器,呼吸器、胃壁等内脏器官是内脏感觉器。

本体感觉能告知人们躯体正在进行的动作及其相对于环境和机器的位置,而其他感觉能将外部环境的信息传递给人们。

此外,还有一些感觉是几种感觉的结合,比如触摸觉就是皮肤感觉和运动感觉的结合。还有的感觉既可能是外部感觉,又可能是内部感觉,比如痛觉既可能是皮肤受到有害刺激,也可能是内脏器官的病变。

3.1.3 过程

感觉的过程——人的感觉器官接受到内外环境的刺激,将其转化为神经冲动,通过传入神经,将其传至大脑皮质感觉中枢,便产生了感觉。

3.1.4 感觉的基本特性

3.1.4.1 适宜刺激

外部环境中有许多物质的能量形式,而人体的一种感觉器官只对一种能量形式的刺激特别敏感,因此,能引起感觉器官有效反应的刺激称为该感觉器官的适宜刺激,如眼的适宜刺激为可见光;而耳的适宜刺激则为一定频率范围的声波,具体见表3-1。

人体感觉的适宜刺激　　　　表3-1

感觉类	感觉器官	适宜刺激	刺激来源	识别外界的特征
视觉	眼	一定频率范围的电磁	外部	形状、大小、位置、远近、色彩、明暗、运动方向等
听觉	耳	一定频率范围的声波	外部	声音的强弱和高低,声源的方向和远近等
嗅觉	鼻	挥发的和飞散的物质	外部	辣气、香气、臭气等
味觉	舌	被唾液溶解的物质	接触表面	甜、咸、酸、辣、苦等
皮肤感觉	皮肤及皮下组织	物理和化学物质对皮肤的作用	直接和间接接触	触压觉、温度觉、痛觉等
深部感觉	肌体神经和关节	物质对肌体的作用	外部和内部	撞击、重力、姿势等
平衡感觉	半规管	运动和位置变化	内部和外部	旋转运动、直线运动、摆动等

3.1.4.2 感受阈限

(1) 绝对感受性

感觉器官发生作用,人产生感觉需要有达到一定强度的适宜刺激,刚刚能引起感觉的最小刺激量,称为绝对感觉阈限的下限;能产生正常感觉的最大刺激量,称为感觉阈上限。感觉出最小刺激量的能力称为绝对感受性。

(2) 绝对感受阈值

刺激强度不允许超过上限,否则不但无效,而且还会引起相应感觉器官的损伤。能被感觉器官所感受的刺激强度范围，称为绝对感觉阈值。刺激量在上、下阈限之间才能引起感觉，例如人眼只对波长380～780nm的光波刺激产生反应，380nm和780nm即为视觉的下、上阈限，波长在380nm以下和780nm以上的光波都不能引起视觉。

绝对感受性与绝对感觉阈值成反比，也就是说，引起感觉所需要的刺激量越小（即绝对感觉阈限的下限值越低），绝对感受性就越高，感觉越敏锐。

(3) 差别感受性和差别感受阈限

当两个不同强度的同类型刺激同时或先后作用于某一感觉器官时，它们在强度上的差别必须达到一定程度，才能引起人的差别感觉。差别感觉阈限即为刚刚能引起差别感觉的刺激之间的最小差别量，对最小差别量的感受能力则为差别感受性，两者成反比关系。

1830年，德国生理学家韦伯（E. H. Weber）在研究差别阈限时发现，差别阈限值与原有刺激量之间的比值在很大范围内是稳定的，即在中等刺激强度的范围内，对两个刺激物之间的差别感觉，不是由两个刺激物之间相差的绝对数量来决定的，而是由两个刺激物之间相差的绝对数量与原刺激量之间的比值来决定的——这就是韦伯定律。例如，对于50g的重物，如果其差别阈限是1g，那么该重物必须增加到51g我们才刚能感觉到稍重了一些；对于100g的重物，则必须增加到105g我们才刚能觉察出稍重一些。用公式表示为：

$$K = \Delta I / I$$

式中　K——韦伯分数，是一个常数；

　　　I——原刺激量；

　　　ΔI——引起差别感觉的刺激增量。

不同感觉的韦伯分数是不一样的，在中等刺激强度的范围内，视觉的韦伯分数是1/100，听觉的韦伯分数是1/10，重量感觉的韦伯分数是1/30。

人的各种感觉器官的感受能力的发展是不平衡的，而不同的职业又有各自不同方面的感受能力，如对音乐工作者，要求具有较高的听觉分辨能力，对美术工作者及某些行业的检验人员要求有较高的视觉颜色分辨能力，而对自动化系统的监控人员，则要求视觉和听觉都有较高的感受性。

人的感觉能力具有很大的发展潜力，经过训练后，某些方面的感受性可以获得极大的提高。感受性对于职业的选择和工种的分配具有实际的价值和意义。

3.1.4.3 感觉的特点

(1) 感觉适应

人的感觉器官在外界条件的刺激下，由于生理机制，感受性会发生变化。它既能免受过强刺激的损害，又能对弱刺激具有敏感的反应能力，同时对几个不同刺激进行比较——这种感觉器官感受性变化的过程及其变化达到的状态，叫作适应。

感觉器官经过一段时间的持续刺激后，在刺激不变的情况下，感觉会逐渐减小以至消失，这种现象称为适应。比如人们从明亮处突然进入暗处，一开始什么都看不见，但过一会就不再感到眼前漆黑一团，能够逐渐分辨出物体了，这就是视觉的暗适应；反之，叫做视觉的明适应。这种适应现象，除痛觉外，几乎在所有感觉中都存在，但适应的表现和速度是不同的。视觉适应中的暗适应约需45min以上；明适应约需1～2min；听觉适应约需15min；味觉重和轻适应分别适应约需30s和2s。除暗适应外，其余各种感觉适应大都表现为感受性逐渐下降乃至消失。

(2) 感觉疲劳

当同一种刺激物的刺激时间过长时，由于生理原因，感觉适应就要变成感觉疲劳。如"久闻不知其臭"是嗅觉疲劳，"熟视无睹"是视觉疲劳等等。另外，感觉疲劳具有周期性：当一种刺激被抑制时，另一种刺激则亢进，交替作用造成对环境的适应。例如，孔子曰："与善人居，如入芝兰之室，久而不闻其香，则与之化矣。与恶人居，如入鲍鱼之肆，久而不闻其臭，亦与之化矣。"

(3) 感觉的对比

因为同一感觉器官能够接受不同刺激物的刺激，这就产生了比较。同一感受器官接受两种完全不同，但属于同一类的刺激物的作用，而使感受性发生变化的现象称为对比。比如一幢高层建筑附近有一幢低层建筑，就会感到高层建筑显得很高而低层建筑显得很低。又如在室内设计中，如果室内高度较低时，就选用低矮的家具，以显示室内空间的高大。再如用粗糙烘托光洁，用灰暗衬托明亮等等手法也是设计中常用的。

图3-1中的两个圆环组，中间的圆形哪个比较大？

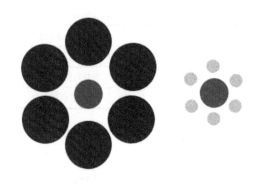

图3-1 圆环比较

试一下，将自己的左手放在冷水盆里，右手放在热水盆里，5min后将两手拿出，再同时放在温水里，看看会有什么感觉？

(4) 感觉的补偿

当某种感觉丧失后，其他感觉可在一定程度上进行补偿。如盲人的听觉和触摸觉就比失明前要发达，耳聋人的视觉则很敏锐，这些也为残疾人的无障碍设计提供了理论依据。

(5) 感觉的相互作用

在一定条件下，各种感觉器官对其适宜刺激的感受能力都将受到其他刺激的干扰影响而降低，由此使感受性发生变化的现象称为感觉的相互作用。味觉、嗅觉、平衡觉等都会受其他感觉刺激的影响而发生不同程度的变化。

3.2 知觉

3.2.1 定义

知觉是在人脑对直接作用于感觉器官的客观事物和主观状况整体的反映。人脑中产生的具体事物的印象是由各种感觉综合而成的；没有反映个别属性的感觉，也就不可能有反映事物整体的知觉。知觉是在感觉的基础上产生的，感觉到的事物个别属性越丰富、越精确，对事物的知觉也就越完整、越正确。

3.2.2 类型

知觉按不同标准可分为几大类：

(1) 根据知觉起主导作用的分析器，可分为视知觉、听知觉；

(2) 根据知觉对象，可分为空间知觉、时间知觉、运动知觉；

(3) 根据有无目的，可分为无意知觉和有意知觉；

(4) 根据能否正确反映客观事物，可分为正确知觉和错觉，把不正确知觉称为错觉。

3.2.3 过程

客观事物的各种属性分别作用于人的不同感觉器官，引起人的各种不同感觉，经大脑皮质联合区对来自不同感觉器官的各种信息进行综合加工，于是在人的大脑中产生了对各种客观事物的各种属性、各个部分及其相互关系的综合的、整体的决策，这便是知觉。

我们从知觉的过程中可以得知，客观事物是首先被感觉，然后才能进一步被知觉，所以知觉是在感觉的基础上产生的，感觉的事物个别属性越丰富、越精确，对事物的知觉也就越完整、越正确。

感觉和知觉都是客观事物直接作用于感觉器官而在大脑中产生对所作用的反映。感觉反映的是客观事物的个别属性，而知觉反映的是客观事物的整体。两者是人对客观事物的两种不同水平的反映。感觉的性质较多取决于刺激物的性质，而知觉过程带有意志成分，人的知识、经验、需要、动机、兴趣等因素直接影响知觉的过程。

在实际生活和生产活动中，人都是以知觉的形式直接反映事物，而感觉只作为知觉的组成部分而存在于知觉之中，感觉和知觉总是联系在一起，很少有孤立的感觉存在。因此，在心理学中就把感觉和知觉合称为"感知觉"。

3.2.4 知觉的基本特性

3.2.4.1 知觉的整体性

知觉对象的各种属性、各个部分为一个同样的有机整体，这种特性称为知觉的整体性。或者说是把由许多部分或多种属性组成的对象看作是具有一定结构的统一整体。

知觉对象是由许多个部分组成的，各部分都有不同的特征，但人们总是把它知觉为一个统一的整体，原因是事物都是由各种属性和部分组成的复合刺激物，当这种复合刺激物作用于人们的感觉器官时，就在大脑皮层上形成暂时神经联系，以后只要有个别部分或个别属性发生作用时，大脑皮层上有关的暂时神经系统马上会兴奋起来，并产生一个完整的映象。

(1) 在感知熟悉对象时，只要感知到它的个别属性或主要特征，就可以根据积累的经验知道它的其他属性和特征，从而整体地感知它。知觉的整体性可以使人们在感知自己熟悉的对象时，只根据其主要特征便可将其作为一个整体被知觉。

(2) 在感知不熟悉的对象时，则倾向于把它感知为具有一定结构的、有意义的整体。

(3) 影响知觉整体性的因素：a.接近；b.相似：相似组合作用；c.封闭；d.连续；e.美的形态。

3.2.4.2 知觉的理解性

人们在知觉事物的过程中，总是根据以往的知觉经验来理解事物的。假如一个人没有见过也没有吃过苹果，那么即使他面前摆着一个苹果，他也无法知觉这是什么。在这里，理解很重要，年幼的儿童就无法区别蜡做的假苹果和真苹果有什么不同。

人总是根据已有的知识经验去理解当前的感知对象，这种特性称为知觉的理解性。

由于人们的知识经验不同，所以对知觉对象的理解也会有不同，与知觉对象有关的知识经验越丰富，对知觉对象的理解也就越深刻。在复杂的环境中，当知觉对象隐蔽、外部标志不鲜明、提供的信息不充分时，语言的提示或思维的推论，可唤起过去的经验，帮助人们去理解当前的知觉对象，使之完整化。此外，人的情绪状态也影响人对知觉对象的理解。

3.2.4.3 知觉的恒常性

人们总是根据已往的印象、知识、经验去知觉当前的知觉对象，当知觉的条件在一定范围内改变了的时候，知觉对象仍然保持相对不变，这种特性称为知觉恒常性。

知觉的恒常性保证了人在变化的环境中，仍然按事物的真实面貌去知觉，从而更好地适应环境。知觉恒常性是经验在知觉中起作用的结果。人总是根据记忆中的印象、知识、经验去知觉事物，因此，外界条件在一定范围内改变的时候，知觉的印象仍相对恒定。

(1) 大小恒常性

在一定限度内，知觉的物体大小不完全随距离而变化，观看距离在一定限度内改变，并不影响我们对物体大小的知觉判断。

(2) 颜色恒常性

光刺激在视网膜上的直接成像随照度大小及照明的光谱特性的变化而变化，但在日常生活中，人们一般可以正确地反映事物本身固有的颜色，而不受照明条件的影响。即使光源的波长变动幅度相当宽，只要照明的光线既照在物体上也照在背景上，任何物体的颜色都将保持相对的恒常性。

也就是说，物体的颜色看起来是相对恒定的——这种现象称为色彩知觉的恒常性。比如，黑色的煤炭在烈日照射下仍被看成黑色，而白纸在阴影中仍被看成白色。

(3) 形状恒常性

当观看物体的角度产生很大改变时，知觉的物体仍然保持同样形状，也就是说，尽管观察物体角度发生了变化，但我们仍能把它感知为一个标准形状。比如一个圆形的钟，从正面看是圆形的，从斜面看是椭圆的，从侧面看是矩形的，但我们却知道这就是一个圆形的钟。又比如一扇门打开时，视网膜上的映像会从长方形变成梯形直到一条线，但我们总是知觉门是长方形的（图3-2）。

图3-2 知觉恒常性

(4) 亮度恒常性

不管照射物体的光线强度怎么变化，它的明度是不变的。尽管事物明亮度改变，但我们对物体表面亮度知觉不变。

3.2.4.4 知觉的选择性

(1) 概念

在知觉时，把某些对象从背景中优先区分出来，并予以清晰反映的特性，叫知觉选择性。比如观察高层建筑，会比较注意它的顶部；而观察多层建筑，则会比较注意出入口；进入室内会比较注意主人的动作和居室的装潢及陈设。

作用于感官的事物是很多的，但人不能同时知觉作用于感官的所有事物，或者清楚地知觉事物的全部。人们总是按照某种需要或目的主动地、有意识地选择其中少数事物作为知觉对象，从而对它产生突出清晰的知觉映象。而对同时作用于感官的周围其他事物则呈现隐退模糊的知觉映象，从而成为烘托知觉对象的背景，这种特性称为知觉的选择性。

(2) 影响知觉选择性的因素

1) 对象和背景的差别

知觉对象与背景之间的差别越大，对象就越容易从背景中区分出来，反之则越难。此外，知觉对象和背景的关系不是固定不变的，而是可以互相转换的。如图3-3所示，这是一张双关图形。在知觉这种图形时，既可觉为深色背景上的浅色花瓶，又可知觉为浅色背景上的两个黑色侧面人像。

2) 对象的运动

在固定不变或相对静止的背景上，运动着的对象最容易成为知觉对象，如在荧光屏上显示的变化着的曲线。

图3-3 在这张图片中，除了花瓶，你还看到了什么

3）人的主观因素：

人的主观因素也相当重要，当任务、目的、知识、兴趣、情绪等因素不同时，选择的知觉对象也不同。情绪良好兴致高时，知觉的选择面就广；而在忧郁的心境状态下，知觉的选择面就狭窄，会出现"视而不见，听而不闻"的现象。

4）刺激物各部分的相互关系

彼此接近的对象比相隔较远的对象，彼此相似的对象比不相似的对象更容易组合在一起，成为知觉的对象。

a. 接近组合——感知时刺激物在时空上十分接近，容易组合在一起，成为知觉对象。

b. 相似组合——各种刺激物由于形状、大小、颜色、强度等方面类似，感知时易组合在一起。

3.2.4.5 错觉

错觉是对外界事物不正确的知觉，是知觉恒常性的颠倒。比如大小恒常性中，虽然视网膜上的图像变化了，但是人的知觉经验却完全忠实地把物体的大小和形状等反映出来。另外一种情况是，视网膜上的图像没有变化，但人的知觉刺激却不相同。错觉产生的原因目前还不清楚，但我们可以利用它为设计服务。比如浅色使产品显得轻便灵巧，深色给人带来稳固安全之感。还有，远处观察，圆形比同等面积的三角形或正方形要大约1/10，因此交通标志利用这一点，将圆形作为表示"禁止"、"强制"的标志。

如图3-4所示，请注意以下问题：

(a) 中间的两条水平线是互相平行的吗？是不是觉得中间向外鼓？

(b) 中间的两条水平线是互相平行的吗？是不是觉得中间向内凹？

(c) 中间是一个正圆吗？

(d) 中间是一个正方形吗？还是一个梯形？

请不要相信自己的眼睛……

如图3-5所示，赫尔曼栅格错觉：看到浅色线条交叉处的黑点了吗？

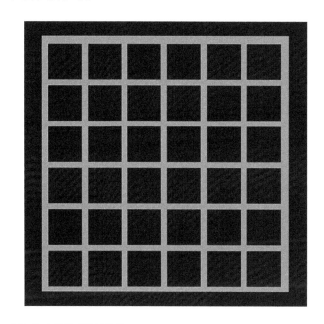

图3-5 白色线交叉的错觉

如图3-6所示，赫尔曼栅格错觉：在浅色线条交叉处加上白点，似乎看到黑点更黑了。

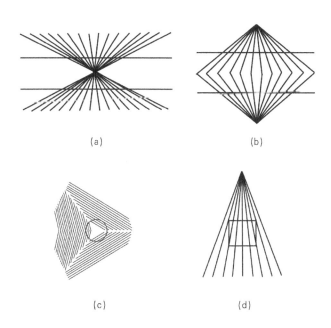

图3-4 产生错觉的线条

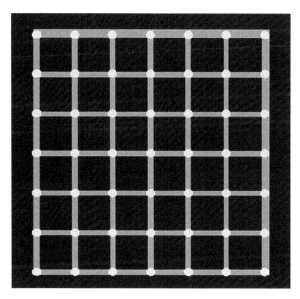

图3-6 浅色线交叉处加上白点的错觉

如图3-7所示，你看到了多少个圆？

本章思考题

（1）感觉与知觉的定义分别是什么？

（2）感觉与知觉的相同点与区别及其关系。

（3）知觉的基本特性是什么？

（4）生活当中你碰到过错觉现象吗？

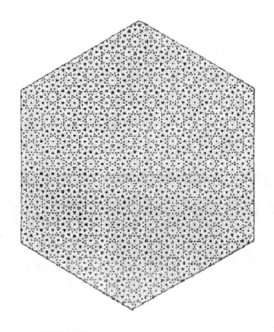

图3-7 产生错觉的图案

第4章 视觉

4.1 视觉机能

4.1.1 概述

在人们认知世界的过程中，大约有80%~90%的信息是通过视觉系统获得的，因此，视觉系统是人与外界联系的最主要途径。物体依赖光的反射映入眼睛，所以，光、对象物、眼睛是构成视觉现象的三个要素。但视觉系统并不只是眼睛，从生理学角度看，它包括眼睛和脑；从心理学角度看，它不仅包括当前的视觉，还包括以往的知识经验。换句话说，视觉捕捉到的信息，不只是人体自然作用的结果，而且也是人的观察与过去经历的反映。

人们得到信息的途径可分为直接的和间接的两种方式：直接途径如直接看到的自己周围的人和物；间接途径即指借助于各种视觉显示装置，如CRT显示器、雷达、电视机等。在科学技术高度发达的今天，后一种途径对于人们获得视觉信息显得更为重要。

视觉的适宜刺激是光，人类视力所能接受的光波只占整个光谱的一小部分，不到1/70。在正常情况下，人的两眼所能感觉到的波长大约是380~780nm，也叫可见光。

4.1.2 视角

视角指的是被看目标物的两点光线投入眼球的交角。眼睛能分辨被看目标物最近两点光线投入眼球时的交角，称为临界视角。视力为1.0（即视力正常）时的临界视角等于1°，若视力下降，则临界视角值增大。在设计中，视角是确定设计对象尺寸大小的依据。

电视机的最佳观看距离的选择，如图4-1所示。

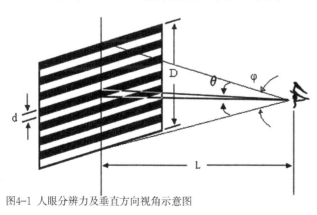

图4-1 人眼分辨力及垂直方向视角示意图

图中，D为屏幕高度，L为视距，若我们选择垂直方向视角φ为20°，求出在此条件下L/D之比以及所需的电视机尺寸。式子如下：

$$tg(\varphi/2) = D/2L$$

得出L/D≈2.84不同观看距离时的最佳电视机屏幕尺寸（表4-1）。

不同观看距离时的最佳电视机屏幕尺寸　　　表4-1

观看距离（m）	2	3	4	5
屏幕对角线尺寸（ft）	56	85	113	141

海尔征服VM系列笔记本的设计考虑到了视角和视距的调节（图4-2）。

图4-2 海尔笔记本

4.1.3 视力

视力是眼睛对物体形态的分辨能力,是眼睛分辨物体细节能力的一个生理尺度,用临界视角的倒数来表示,即:

$$视力 = 1/临界视角$$

视力与人的视觉生理有着密切的联系,并且随年龄的增长而改变。眼球不动时能看到最鲜明的映象范围约为2°左右,这个范围的视觉称为中心视觉。它的外侧模糊视角,称为周边视觉。在中心区,视网膜中心的锥状体能充分发挥作用,稍微偏离中心,视力就会下降。而暗处视力在偏离中心5°左右时为最高,在暗环境中辨别物体形状的视力称为夜视力。

视力与亮度的关系也很密切,背景越亮,清晰度越好,并且有一个上限和下限。亮度的实质是被照物体表面的光辐射能量,视网膜上的感光细胞对不同亮度的敏感度是不一样的,只有到达一定亮度时才能发挥作用。同时由于眼的调节机能,具有收缩和放大作用,故其变化也有一定的范围。亮度不仅与光源的发光强度和被照物的方位有关,而且与周围环境的亮度也有关。比如同样的室内环境,白天由于自然光的作用,室内的照明要比晚间同样光强显得暗,这也和人的适应能力有关。

4.1.4 视野

视野是指当人的头部和眼球不动时,眼睛观看正前方物体时所能看得见的空间范围,通常以角度表示。正常人在各种工作时的视力范围比视野要小。因为视力范围是要求能迅速、清晰地看清目标细节的范围,其只能是视野的一部分。

动视野是头部固定不动,自由转动眼球时的可见范围;静视野是头部固定不动时在眼球静止不动状态下的自然可见范围;注视野是头部固定不动,转动眼球而只盯视某中心时的可见范围,如图4-3、图4-4所示。

说明:

垂直最佳视区:上、下1.5°

最佳视野范围:水平视线以下30°

有效视野范围:水平视线以上25°、以下35°

最大固定视野:115°

扩大的视野:150° 在垂直面内,实际上人的自然视线低于标准视线,直立时低15°,放松站立时低30°,放松坐姿时低40°。因此,视野范围在垂直面内的下界限也应该随着放松立姿、放松坐姿而改变。

工作时,人的头部转动角度左右均不宜超过45°,上下均不宜超过30°。因为当人们转移视线时,约有97%的时间视觉是不真实的,所以应避免操作者在转移视线中进行观察。

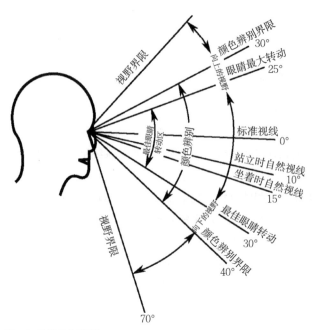

图4-3 垂直面内视野

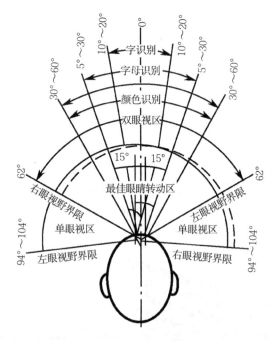

图4-4 水平面内视野

4.1.5 立体视觉

人的视网膜呈球面状,所获得的外界信息也只能是二维的映象。然而,人能够知觉客观物体的第三维的深度,这就是立体视觉。两只眼睛中所形成的物象,融合为双眼单视后,可以辨别物体的高低、深浅、远近、大小,这种辨别物体立体位置的视力也可以叫做深度觉。

产生立体视觉的原因,有客观环境的图像关联因素,也有人体的生理性关联因素。人体生理性的关联因素有:两眼视差、肌体调节、两眼辐合和运动视差。

(1) 两眼视差

当观看某一物体时,对象物在左右眼球视网膜里的投影,呈现出稍微不同的映象,这种现象称为两眼视差。如图4-5所示,这是观看角锥形物体时,在左右眼里映现的不同图像的描绘,而大脑的机能则可以将这两个不同的图像重合成一个立体图像再现出来。

(2) 肌体调节

眼球的毛状肌使晶状体的曲率改变叫作调节,而调节时的肌肉紧张感觉能判断物像的距离,因此能够识别物体的立体图像。

(3) 两眼辐合

当观看近物时,两眼的视线趋于向内聚合的现象,称为辐合,此时两视线夹角,叫辐合角。辐合使两眼向内旋转的眼肌产生紧张感觉,为判断物体的深度提供了相关因素,通过大脑的作用,从而映现出立体的物像。

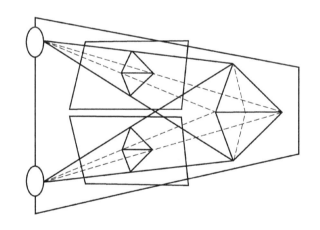

图4-5 两眼视差

(4) 运动视差

单眼视觉时,观察者在运动,视点也在变化,于是出现了连续性视差。这种单眼运动的视差,经过一段时间,就使大脑对运动景象作出立体性判断,从而感知物体的立体图像。

立体视觉为物体的立体感知提供了理论依据。在室内景观设计和造型设计时,既要考虑视觉图形的客观规律,又要考虑立体视觉的特点,使设计更符合视觉要求。

4.1.6 视距

视距是指人在操作系统中正常的观察距离。视距的确定一般应根据观察目标的大小和形状以及工作要求来确定。视力范围与目标距离有着很大的关系,视距过远或过近都会影响认读的速度和准确性。通常,观察目标在5600mm处最为适宜,低于3800mm时会引起目眩,超过7800mm时细节看不清。此外,观察距离和工作的精确程度密切相关,应根据具体任务的要求来选择最佳的视距(表4-2)。

不同工作任务的视距要求　　　　表4-2

任务要求	举例	视距(cm)	固定视野直径(cm)	备注
最精细的工作	安装最小部件(表、电子元件)	12～25	20～40	完全坐着,部分地依靠视觉辅助手段(小型放大镜、显微镜)
精细工作	安装收音机、电视机	25～35,多为30～32	40～60	坐着或站着
中等粗活	在印刷机、钻井机、机床旁工作	50以下	至80	坐或站
粗活	包装、粗磨	50～150	30～250	多为站着
远看	黑板、开汽车	150以上	250以上	坐或站

4.1.7 视度

视度是指观看物体清楚的程度。这个问题是天然采光及人工照明的共同基础,也是建筑光学所要解决的主要问题之一。看得见、看得清、看得好,这是光觉的基本概念。看得见,是光觉的基本条件,无论是天然光还是人工照明,必须有光。看得清,是光觉的基础,它涉及影响"视度"的基本因素。看得好,是光觉的质量,它涉及日照、采光和人工照明的质量。

物体的视度与以下五个因素有关:

(1) 物体的视角(物体在眼前所张的角);

(2) 物体和其背景间的亮度对比;

(3) 物体的亮度;

(4) 观察者与物体的距离;

(5) 观察时间的长短。

4.1.8 对比感度

物体与背景有一定的对比度时,人眼才能看清物体的形状,这种对比可以是颜色对比(背景与物体具有不同的颜色),也可以是亮度对比(背景与物体在亮度上有一定的差别)。

人眼刚刚能辨别物体时,背景与物体之间的最小亮度差称为临界亮度差。临界亮度差与背景亮度之比称为临界对比；临界对比的倒数就称为对比感度。

对比感度与照度、物体尺寸、视距和眼的适应情况等因素都有关系。在理想情况下，视力好的人，其临界对比约为0.01，也就是对比感度为100。

4.1.9 视觉的适应

人眼随视觉环境中光刺激变化而感受性发生变化的相顺延性称为视觉适应。人眼虽然具有适应性的特点，但当视野内明暗急剧变化时，眼睛却不能很好地适应，还会引起视力下降。如果眼睛需要频繁地适应各种不同的亮度，不但容易产生视觉疲劳，影响工作效率，而且也容易引起事故。因此，一般工作环境中工作面的光亮度要求均匀而且不产生阴影。视觉适应的种类一般分为暗适应和明适应两种。

人眼的视网膜包含两种光感受器：锥体细胞（同明视有关）和棒体细胞（同暗视有关）。当人们由暗处进入亮处，瞳孔开始缩小，遇到亮度为1000asb的光，瞳孔由黑暗时的8mm可缩小到3mm。再遇到黑暗时，瞳孔又扩大。

暗适应：当人从明亮的环境转入暗环境中，视网膜上的1.2亿个视杆细胞感受光的刺激，使视觉感受性逐步提高的过程称为暗适应。暗适应过程的时间较长，最初5min适应的速度很快，过后则逐渐减慢。获得80%的暗适应大约需要25min，完全适应则需1h。人在暗环境中可以看到大的物体、运动的物体，但看不清细节，也不能辨别颜色。

明适应：当人从暗环境转入明亮的环境中时，视杆细胞会失去感光作用，而视网膜上的600万～800万个视锥细胞感受强光的刺激，使视觉阈限由很低提高到正常水平的过程称为明适应，或者叫光适应。明适应在最初30s内进行得很快，然后渐慢，约1~2min即可完全适应。人在明亮的环境中，不仅可以辨认很小的细节而且可以辨别颜色。

另外有的研究者还认为，在暗适应和明适应之间，还存在间视，即间适应。间视是锥体细胞和棒体细胞的共同作用。

明适应和暗适应对室内设计的影响较大，比如地道的出入口，尽量在入口处设置日光灯照明系统，在地道暗处则采用白炽灯照明，使人能够适应环境的变化。在大型商场、电影院和大展厅的入口处，也同样采用混合照明系统，以满足白天和夜晚人对照明系统的适应要求，提高视觉环境的质量。

4.2 视觉规律

4.2.1 视线运动习惯

人眼沿水平方向运动比沿垂直方向运动速度快而且不容易引起疲劳，视线的运动也是习惯从左到右，从上到下和顺时针方向地运动。

由于重力的影响，在垂直方向上人们习惯从上向下观看，水平面上人们习惯从左向右观看，这与文字从左向右的排列方式是一致的。相应的，在有限的平面里，观看者视线的落点也是先左后右，先上后下，这时平面的不同部位便成为对观看者吸引力不同的视阈，根据吸引力的大小依次可划分为左上部、右上部、左下部、右下部。也就是说，人眼对左上角的观察效率最优，然后是右上部、左下部，而右下部最差。因此，左上部和上中部就可以被称为"最佳视阈"（当然这种划分也受文化因素的影响，比如阿拉伯文字是从右向左书写的，这时最佳视阈就是右上部）。"最佳视阈"在版面设计、广告设计、招贴设计、包装设计中都相当有应用价值，一般都是将最重要的信息，如报头、商品名、展览名称等，放在左上角，以此来吸引人们的视线。

4.2.2 运动中视觉

除了观看相对静止的对象外，人们观看更多的是运动的对象，从多视角、多方位感知对象物，就如同中国园林中的"移步换景"。

这在设计中起着很重要的作用：观众在展示空间中行走的轨迹被称为"动线"。"动线"不仅仅是空间位置的变化，也是时间顺序的体现。动线设计在展示设计、室内设计、建筑设计中都是一个不可忽略的重要因素。空间设计必须考虑观众的视知心理，通过诸如空间分割、景点分配、标志导语等手段来安排观众的动线。

4.2.3 视觉质感

任何事物都是一个整体，各个组成部分相互联系、相互依存；人们对事物特性的感知也与对事物其他特性的感知相联系，因此在一定条件下，人们可以通过视知觉把握事物的其他特性。

这种现象的产生与人的联觉有关，联觉是指感觉的相互作用——某种感觉感受器的刺激能够在其他不同的感觉领域中产生经验。康定斯基说过："视觉不仅可以与味觉一致，而且可以和其他感觉相一致。"关于联觉这种生理机制的产生，现在还不是十分清楚，有人认为它是两种分析器中枢部分形成的感觉相互作用的结果，是分析器相互建立起特殊联系的产物，这种经验有赖于生活经验。正因为生活经验和知识储备，人们才理解事物视性与非视觉特征的联系，才可能仅仅通过视觉感受到对象的重量、质地、温度等。视觉心理学家德鲁西奥·迈耶将之称为"视觉质感"，也就是我们"看到的"质感。这种视觉质感吸引我们亲手去触摸物体，无论是雕塑、陶瓷、产品还是建筑。当然要获得这样的视觉质感有赖于相对具体的经验，例如粗糙、光滑、柔软等。

在多数情况下，受众的触觉是被"视觉质感"调动起来的，或者说首先被调动起来，再由受众亲自触摸加以验证的。所以设计师应该充分利用这一点，把调动受众的视觉质感纳入思考范围，也就是说，需要考虑目标受众的生活经验的共性。

4.2.4 双眼运动

两眼的运动总是协调的、同步的，在正常情况下不可能一只眼睛转动而另一只眼睛不动；在一般操作中，也不可能一只眼睛视物，而另一只眼睛不视物。因而我们通常都以双眼视野为设计依据。

4.2.5 人眼对直线轮廓比对曲线轮廓更易于接受

我们可以注意一下，在报纸的版面设计中多以直线分割的块面为主，而容易造成视线混乱的曲线分割块面则较少出现。

4.3 色彩的视觉现象

4.3.1 色觉与色视野

色彩是人的视觉器官对可见光的感觉之一。人们能感知世界的关键是光，但是能否形成色彩感觉，还受到眼睛生理条件的影响。眼睛是人对光的感觉器官，色彩是眼睛对可见光的感觉（如波长400nm的光线会使人眼产生紫蓝的色彩感），波长小于400nm的紫外线和波长大700nm的红外线都不能使眼睛产生色彩感。

当光源色遇到物体后，变成反射光或透射光后进入眼睛，对眼球内的视网膜产生刺激，再通过视神经达到神经中枢，从而产生色彩的感觉，所以说，色彩就是光刺激眼睛所产生的视知觉，其中光、眼睛、神经，这三个物理、生理和心理要素是人们感知色彩的必要条件。

人眼的视网膜除了能辨别光的明暗之外，还有很强的辨色能力，最多可以分辨180多种颜色。色觉是色觉器官在色彩刺激的作用下由大脑引起的心理反应。不同波长的光线对视觉器官产生物理刺激，同时，大脑将接受的色彩刺激信息不断地翻译成色彩概念，并与储存在大脑里的视觉经验结合起来，并加以解释，便形成了色彩知觉。

色觉的生理基础是光对视网膜的颜色区的刺激作用，如图4-6所示。

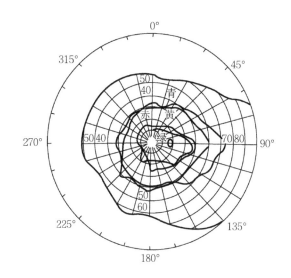

图4-6 右眼视野中视网膜颜色区

在正常视觉中，视网膜边缘是全色盲，这是由于视网膜的中央窝部位和边缘部位的结构不同所造成的。中央视觉主要由椎体细胞起作用，锥体细胞是颜色视觉的器官。边缘视觉主要由棒体细胞起作用，棒体细胞只能分辨明度，因此视网膜不同区域的颜色感受性有所不同。视网膜中央区能分辨各种颜色，由中央区向外围部分过渡，颜色分辨能力减弱，眼睛感觉到颜色的饱和度降低，直到色觉消失。

另外，不同的颜色对人眼的刺激不同，所以人眼的色觉视野也不同。白色的视野最大，黄、蓝、红、绿色的视野依次渐小，如图4-7所示。

4.3.2 色彩对比

通常，在视觉长时间地受到某种色光线直射或反射后，会使色觉产生与其原色相补色的色知觉，这是生理上的视觉机能和心理的逆反效应的结果。色彩心理学认为：当某色的感色锥体细胞疲劳时，其补色的感色锥体细胞就兴奋，反应敏捷，一触即发，并将捕捉到的微弱的光刺激反映给大脑，使这个微弱的信号在知觉中能得到明显的反映，从而形成了不同于原色的色彩知觉。

4.3.2.1 同时对比

在视野中一块颜色的感觉由于受到它邻近的其他颜色的影响而发生变化的现象，称为色彩对比。同时对比是几种刺激物同时作用于同一感受器官时产生的对比。

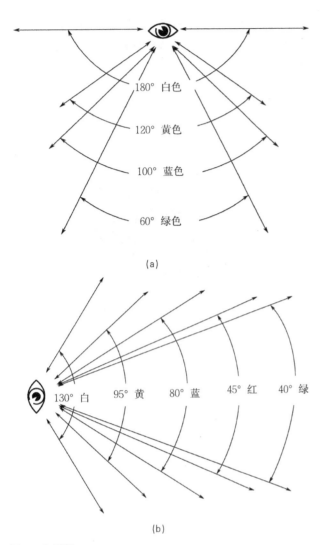

灰色小方块就会略带蓝色;如果背景是蓝色,灰色小方块就会略带橙色。

色彩对比现象不仅表现在色相方面,也表现在明度方面。

图4-9 明度对比

图4-9中分别有4种不同明度的背景,最右边浅色背景上的灰色方块看起来发暗,而在最左边的黑色背景上则看起来发亮,其实中间的四个小方块明度都是一样的——这就是颜色的明度对比现象。同样,放在黄色背景上红色则显得暗,放在蓝色背景上红色则显得明亮些、温暖些。除了非常暗淡的色彩外,一般色彩放在暗背景上,都会显得非常强烈;而所有色彩在白色背景上都会显得暗些。

4.3.2.2 继时对比

几个刺激物先后作用于同一感受器官时,将产生继时对比现象。在灰色背景上注视一块颜色纸片(如红色)几分钟,然后拿走纸片,就会看到在背景上有原来颜色的补色(即绿色)——这种颜色后效现象称作负后象。同样,在灰色背景上注视一块白色纸片几分钟后拿走纸片,在白色纸片原来的位置也会出现较暗的负后象。如果注视黑纸片,则会出现较亮的负后象。或者观看一块暖色展板几分钟后,再扫视展示板旁边的白墙,便会感到墙面偏冷。这就是明度的继时对比,这是在连续条件下或者运动过程中眼睛对已适应的色彩会要求其相对补色引起的。

在一些具有时间性的设计如广告设计、展示设计、室内设计和园林设计中,设计师可以充分利用继时对比现象,考虑观者的运动及其视觉变化。

4.3.3 色彩知觉效应

由于人的感情效应和对客观事物的联想,色彩对视觉的刺激能够产生一系列色彩知觉的心理效应。当然这种效应随着具体的时间、地点、条件(如自然条件、环境位置、形状大小、外观形象、个人爱好、生活习惯等)的不同而有所不同。

4.3.3.1 温度感

不同的色彩会产生不同的温度感,比如看到红色和黄色会联想到太阳与火焰,因而感觉温暖;看到青色和绿色

图4-7 色视野
(a)水平方向的色彩视野;(b)垂直方向的色彩视野

图4-8 色彩对比

注视图4-8中红色背景上的灰色小方块一会儿,这块灰色就会表现出略带绿色。注视绿色背景上的灰色小方块一会儿,这块灰色就会表现出略带红色。这是常见的色彩同时对比现象:每种颜色在其邻近区都会诱导出它的补色。或者说由于两种相邻颜色的互相影响而使每种颜色都向另一种颜色的补色方向变化。所以,如果背景是橙色,

会联想到海水、晴空与绿荫，因而感觉寒冷。因此我们把红色、橙色、黄色等有温暖感的色彩称为暖色系，而把绿色、蓝色、紫色等有寒冷感的色彩称为冷色系。

色彩的冷暖是相对的，而不是孤立的。比如紫色与橙色并列时，紫色就倾向冷色，蓝色与紫色并列时，紫色又倾向暖色；绿色、紫色在明度高时倾向冷色，而黄绿色、紫红色在明度、纯度高时倾向暖色等。

4.3.3.2 距离感

色彩的距离感受色相和明度的影响最大。一般来说，高明度的暖色系色彩感觉凸出、扩大，称为凸出色或近感色；而低明度的冷色系色彩感觉后退、缩小，称为后退色或远感色。白色和黄色的明度最高，凸出感也最强。蓝色和紫色的明度最低，后退感最显著。色彩的距离感也是相对的，与背景色彩有关，比如绿色在较暗处也会有凸出的倾向。

4.3.3.3 重量感

色彩的重量感受明度的影响最大。一般来说，暗色感觉重而明色感觉轻，纯度强的暖色感觉重，而纯度弱的冷色感觉轻。在设计中，采用重感色可以达到安定、稳重的效果，如将设备的底座设计成重颜色。采用轻感色可以达到灵活、轻快的效果，如顶灯、风扇、吊车等可以涂上轻颜色。在室内设计中，通常的色彩处理多是自上而下、由轻到重的。

4.3.3.4 疲劳感

色彩的纯度越高，对人的刺激就越大，就越容易使人感到疲劳。一般暖色系的色彩比冷色系的色彩疲劳感强，绿色的疲劳感不显著。许多明度差或纯度差较大的色相在一起时，更容易感到疲劳。故在设计中，颜色不宜过多，纯度不宜过高。

色彩的疲劳感还会引起纯度减弱、明度升高，逐渐呈灰色（略带黄）的视觉现象，叫色觉的褪色现象。

4.3.3.5 注目感

注目感即色彩的诱目性，是指在无意观看的情况下，色彩容易引起人们注意的性质。诱目性强的色彩，人们从远处就能明显地识别出来。

色彩的诱目性主要受色相的影响。光色诱目性的顺序是红＞青＞黄＞绿＞白；物体色诱目性是红／橙／黄。比如殿堂、牌楼等的红色柱子，走廊及楼梯上铺设的红色地毯就特别引人注目。

色彩的诱目性还取决于它与背景色彩的关系：在黑色或灰色的背景下，诱目性的顺序是黄＞橙＞红＞绿＞青，在白色的背景下的顺序是青＞绿＞红＞橙＞黄。各种安全及指向性标志的设计都需要考虑色彩诱目性的特点。当两种颜色相配时，顺序为黑底黄字最清晰，黑底蓝字最模糊，其他的搭配都介于这两者之间（表4-3）。

不同色彩搭配的注目感　　　　表4-3

注目感高的配色									
清晰程度	10	9	8	7	6	5	4	3	2	1
背景色	黑	黄	黑	紫	紫	蓝	绿	白	黑	黄
主体色	黄	黑	白	黄	白	白	白	黑	绿	蓝
注目感低的配色									
模糊程度	1	2	3	4	5	6	7	8	9	10
背景色	黄	白	红	红	黑	紫	灰	红	绿	黑
主体色	白	黄	绿	蓝	紫	黑	绿	紫	红	蓝

4.3.3.6 空间感

色彩刺激，尤其是色彩的对比作用，会使感受者产生立体的空间知觉，如远近感、进退感。原因主要有两方面：一是色视觉本身具有进退效应，即色彩的距离感。如果在一张纸上贴上红、橙、黄、绿、蓝、紫6个实心圆，我们会发现红、橙、黄3个圆有种要跳出来的感觉。二是空气对远近色彩刺激的影响：色彩光波因受空气中灰尘的干扰，会有一部分光被吸收而未全部进入视觉器官，从而对色彩的纯度和知觉度产生影响，使视觉获得的色彩相对减弱，从而形成了色彩的空间感。

实验还表明，在空间环境不变的情况下，如果改变空间色彩，则冷色系、高明度、低纯度的室内空间会显得开敞，反之则会显得封闭。

4.3.3.7 尺度感

尺度感是受色彩的冷暖感、距离感、色相、明度、纯度、空气穿透能力以及背景色的制约，产生的膨胀与收缩的色觉心理效应。通常暖色、近色、明度高、纯度人的兴奋色，以暖色、暗色或黑色为背景的色彩，易产生膨胀感。反之则会产生收缩感。色彩的尺度感从膨胀到收缩的顺序是：红、黄、灰、绿、青、紫。

形成或改变色觉尺度感来平衡色觉心理的主要方法是变换色彩的面积。如法国国旗是由白、红、蓝三条色带组成的，为了与心理效应的宽度相等，其宽度比例白、红、蓝为30∶33∶37。此外，同样大小的物体，如果为黑色就会显得小。身材丰满的人适合穿深色、黑色衣服，而瘦的人适合穿浅色衣服，也是这个道理。

4.3.3.8 混合感

将不同的色彩交错均匀布置时，从远处看去，会呈现两种颜色的混合感觉。尤其在建筑色彩设计时，要考虑远近相宜的色彩组合，如黑白石子掺和的水刷石呈现灰色，青砖勾红缝的清水墙则呈现紫褐色。

4.3.3.9 明暗感

在照度高的地方，色彩的明度会升高，纯度会增强；在照度低的地方，则明度感觉随着色相不同而改变。一般绿色系的色彩显得明亮，而红、橙及黄色系的色彩发暗。

在室内设计中，颜色的明暗感对室内的照度及照度分布的影响很大，可利用色彩的明度来调节室内照度及照度分布，照度不同，色彩效果也不同。比如中国古建筑的配色，墙、柱、门窗多为红色，而檐下额枋、雀替、斗栱都是青绿色，晴天时明暗对比很强，青绿色使屋檐下不致漆黑，阴天时青绿色有深远的效果，能增强立体感。

4.3.3.10 性格感

色彩有着使人兴奋或沉静的作用，称为色彩的情感效果，也就是色彩的性格感。色彩性格感主要受色相的影响：一般来说，红、黄、橙、紫红为兴奋色，青、青绿、青紫为沉静色，黄绿、绿、紫为中性色。人看到某种色彩，常常会联想到过去的知识和经验，联想也由于环境、性别、年龄、生理状态、个人嗜好等因素而不同。

在联想中色相起着主要作用，但明度和纯度的影响也很大。同一色相，但明度高低不同或纯度强弱不同会给人以不同的感情效果。

本章思考题

（1）什么叫视野？包括垂直面内视野、水平面内视野与色觉视野。

（2）人的立体视觉是怎样产生的？

（3）试述明适应与暗适应。

（4）试述人眼的主要视觉规律。

（5）色彩对比有几种类型？分别解释一下现象。

（6）根据色彩知觉效应的内容，找出文中提到的色彩，体会色彩带来的不同感觉。

第5章 其他感觉机能及其特征

5.1 听觉

听觉是仅次于视觉的重要感觉，它的适宜刺激是声音。声音的声源是振动的物体，振动在弹性介质（气体、液体、固体）中以波的方式进行传播，所产生的弹性波称为声波，一定频率的声波作用于人耳就产生了声音的感觉。

对于人来说，只有频率为20～20000Hz的振动，才能产生声音的感觉。低于20Hz的声波称为次声；高于20000Hz的声波称为超声，次声和超声人耳都听不见（图5-1）。

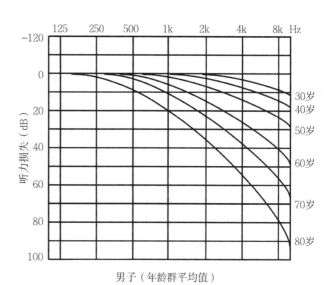

图5-2 听力的年龄变化

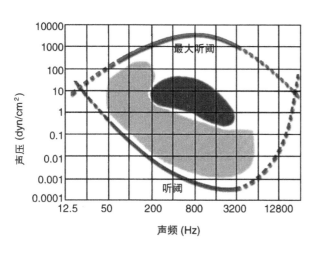

图5-1 人的正常听阈图

5.1.1 听觉适应

人耳的听觉范围很广，为16～20000Hz。人从25岁开始，对15000Hz以上频率的灵敏度显著降低，随着年龄的增长，频率感受的上限逐年连续下降，这叫老年性听力衰减，如图5-2所示。

听力的衰减，除了年龄变化之外，个人的生活习惯、营养及生活紧张程度，尤其是环境噪声等积累的影响也很大。如我国的纺织业的女工，特别是在织机旁操作的女工，平均听力都比较差。

人对环境噪声的适应能力很强，对健康人来说，在安静环境中住惯了，搬到喧闹环境中居住，开始会不适应，但住久了就会逐渐习惯。如果再搬回原处，开始也会不习惯，感到静寂。但人对噪声积累的适应，对健康是不利的，尤其是噪声很大的适应，会造成职业性耳聋，正如前面提到的织布车间女工。

5.1.2 听觉方向

物体的振动产生了声音。声音的传播具有一定的方向性，这是声源的重要特性。声源在自由空间中辐射出的声音分布有很多的变化，但大多数均有以下特性：

（1）当辐射声音的波长比声源尺度大得多时，辐射的声能是从各个方向均匀辐射的。

（2）当辐射声音的波长小于声源尺度很多时，辐射的声能大部分被限制在一相当狭窄的射束中，频率愈高则声音愈尖锐。

因此，礼堂中的声音放大系统的扬声器发射低频声音时，所有听众几乎都能听得到；但若频率较高，则在扬声器轴线旁的听众便无法接受到足够的声能。人说话的声场分布也有类似的情况。

声源的方向性使得听觉空间设计受到一定的限制。如果观众厅的座位面积过宽，则靠边坐的听众，将得不到足够的声级，至少对高频率情况是这样。尤其对前面几排，它们对声源所张的角度大，对边坐的影响更大。正是由于这个原因，一般大的观众厅都不采用正方形排坐。

5.1.3 听觉与时差

经验证明，人耳感觉到声音的响度，除了与声压、频率有关外，还与声音的延续时间有关。假如有两个性质一样的声音，它们的声压一样，但一个是短促的重复的10ms宽的窄脉冲声，间隔时间为100ms；另一个是200ms的宽脉冲声，间隔时间为20ms。这两个声音对于人耳的听觉来说响度是不一样的。前一种声音听起来是间断的一个一个的脉冲声，而后一种听起来几乎是连续的。这就是耳朵对声音的暂留作用，即声觉暂留。

由听觉试验得出，如果两个声音的间隔时间（即时差）小于50ms，人们便无法区别它们，并会重叠在一起。当室内声音经过多次连续反射到人耳无法区别时，则称为混响。为了避免听到一前一后两个重复的声音（如回声等），必须使每两个声音到达耳朵的时差小于50ms。

5.1.4 双耳效应

传声器所捕获的音和我们用一只耳朵听的音很相似，称为单耳听闻。而平时我们习惯双耳听闻——声音到达两耳的响度、音品和时间是各不相同的。正是由于这些差别使我们能够辨别不同地点的各种声音和每一个声源的位置，并将注意力集中在这些声源上，而对于来自其他方面的声音则不大注意。由于双耳听闻有这样的效果，反射声就被无意识地掩蔽或压低了，从而保证正常的听闻。如果是单耳听闻，这种效果将立即消失。

5.1.5 掩蔽效应

掩蔽效应是人耳一种特有的特征，掩蔽作用是指一声音的听阈因另一个掩蔽声音的存在而上升的现象。例如人们在观看演出的时候，如果没有噪声的干扰，可以听得很清楚。但一旦从休息厅或其他房间传来噪声时，人们对演出听起来就很吃力。除非演员的发声响度提高到超过噪声的声级。也就是说，由于噪声的干扰而使听阈提高了。同样，在繁华街道中的电话亭里，在织布车间里，在嘈杂的商店里，我们很难听清楚别人的讲话声。这些现象均说明噪声有掩蔽作用，即使是纯音对纯音，也同样具有掩蔽作用。

噪声掩蔽量的大小，不仅决定于它们的总声压，也与它们的频率组成情况有关。强烈的低频声音（具有80dB以上的声压级）对于所有高频率范围内的声音有显著的掩蔽作用。相反，高音调的声音对于频率比它低的声音掩蔽作用则较弱。例如一交响乐队中，具有高频特性的小提琴，就比较容易被其他具有低频特性的管弦乐器所掩蔽。相反，在强烈的高音调啸声下，可以毫无困难地听到较弱的低音调声音，如语言等。当掩蔽声与被掩蔽声的频率几乎相等时，一个声音对另一个声音的掩蔽效应最大。

噪声对语言的掩蔽不仅使听阈提高，也对语言的清晰度有所影响。当噪声的声压级超过语言级10～15dB时，人们就必须要全神贯注地倾听才能听清楚，这样很容易疲劳。随着噪声级的提高，清晰度会逐渐降低。当超过语言级20～25dB时，则完全听不清。

这种影响还因频率不同而异。一般语言的可懂度主要是在800～2500Hz的频率之间，如果噪声的频率也在此范围内则影响最大。

人耳的掩蔽效应说明了控制噪声的重要性。例如在室内设计时，就要尽可能地降低环境的本底噪声。另一方面，则要避免有用信号声音之间相互的掩蔽，如背景音乐的音响系统设置，大型乐队的演出等。人们也可以利用掩蔽效应，在有噪声的商场里，用音响系统的声音来掩蔽顾客的喧闹嘈杂声。

5.1.6 声音的记忆和联想

当人们听到警车或救护车驶过时发出的警笛声，船舶发出的汽笛声，雷雨交加的雷声与雨声后，如果再从电声系统中听到这些声音，就会使人记忆起实际的情景而产生震惊或被干扰的感觉。这种干扰并不取决于电声系统的声强，而是由声音的记忆所产生的作用。如果受影响的人是从睡眠中被这些声音惊醒，其被干扰感觉的程度会急剧增加。

看来，能引起刺激和厌烦的，不只是各种噪声。如果某些"声记忆"可以使人联想到一些可怕的事件，那么美妙的音乐也会引起人们强烈的反应。与此同时，那些为人们所不熟悉的声音，或者是人们不习惯的声音，所产生的刺激性就往往与声级相同。

人对声音的记忆和联想的特征，对设计有着实际的意义。例如在室内某处设计一个山水的灯光景点，如果配上潺潺流水的背景声，则景点会更加动人。如果将室内背景音乐设计成树叶飒飒、虫叫鸟鸣的声音，则会使人感觉仿佛置身于大自然的环境之中。利用声音来治病，用熟悉的声音唤醒沉睡的病人，这也是声音记忆作用的利用。

（1）背景音乐在商业场所中的应用

商业场所可以根据各自不同的目标消费群体来选择播放的背景音乐，如高档商场播放轻柔舒缓的轻音乐；大中型商场则播放当下的流行音乐；一些路边小店则会用高分贝、快节奏的音乐来吸引人们的注意，并产生购物冲动。

快餐店通常在用餐时段或人多时播放快节奏的背景音乐，使顾客尽快用餐完毕，让出空座给其他顾客，使餐厅不至于太拥挤；而在非用餐时段或人少时则播放慢节奏的背景音乐，使人愿意较长时间停留，产生更多消费。

还有用特有的歌曲作为音乐来增强品牌的识别性，如麦当劳餐厅会不断地插播其品牌广告曲，当人们听到这段音乐便自然而然就会想到麦当劳。

（2）什么是"生产性音乐"？

好的音乐能使环境产生欢乐的气氛，减轻噪声干扰，驱除疲劳感、单调感，使劳动者不感到上班时间长，提高生产效率。日本早稻田大学横沟克己根据试验提出："生产性音乐"主要针对以纯体力劳动为主，不需要单调地花费注意力的工作，以节奏清晰、速度较快而轻松的音乐为好。单调发闷的工作则应逐渐提高音乐气氛，当出现烦闷的情况时，可以让劳动者听一些有娱乐味的音乐。需要集中注意力的工作场所，应尽量配以节奏变化不多、不急、不费神的音乐。如脑力劳动者，以速度稍慢、节奏不明显、旋律舒畅缓和平静的音乐为好。此外，连续播放不如断续播放。

5.2 嗅觉

嗅觉是一种较原始的感觉，许多动物都借助嗅觉维持生命、繁衍后代。虽然人类文明的发展使嗅觉的作用大大减弱，但人们的日常生活和工作中还是离不开嗅觉的功能。缺少嗅觉，进食就没有味道；嗅觉功能有了障碍，就很难辨别环境的氛围；嗅觉也是身体疾病的征兆；嗅觉是警报的信号，比如它能辨别煤气而防止中毒。所以嗅觉虽然没有视觉和听觉那样重要，但它和人的生活也是息息相关的。

鼻腔里的嗅感受细胞受到环境气味的刺激而产生了嗅觉，能引起嗅觉的物质是千差万别的，但它们作为嗅觉刺激有一些共同点：

第一，物质的挥发性。嗅觉刺激物必须是某物质存在于空气中的微小颗粒。如麝香、花粉等。

第二，物质的可溶性。有气味的物质在刺激嗅觉感受器之前，必须是可溶的，才能被鼻腔里的黏膜所捕捉，依靠嗅毛和黏液的作用而产生嗅觉。

此外，某些物质受到光的照射（如紫外线），也可使有气味的溶液转化为悬胶体，从而被嗅觉感知。总之，嗅觉刺激主要属于有机物而不是无机物。

嗅觉产生的过程大致如下：

（1）有气味的物质不断地向大气中释放分子；

（2）这些分子被吸入鼻腔，达到嗅觉感受器；

（3）它们被吸附在嗅觉感受器的大小合适的位置上；

（4）吸附伴随以能量变化，吸附是一个温升过程；

（5）能量变化使电脉冲通过嗅神经达到大脑；

（6）脑的加工导致嗅觉产生。

影响嗅觉的因素很多，但主要的因素还是引起嗅觉的刺激物。不是所有有气味的物质都能引起嗅觉，这取决于它的浓度。在给定的浓度下，有气味的气体的体积流速对嗅觉阈限有影响。此外，嗅觉器官的状态、激素的变化，各种气味的相互作用，都会对嗅觉产生不同程度的影响。以下是嗅觉过程中的一些特性。

5.2.1 嗅觉阈限

嗅觉感受性的阈限同其他感觉阈限一样，也是以对外界刺激的度量为依据的。在多数情况下，嗅觉感受性也遵循韦伯定律，但嗅觉的差别阈限比其他感觉相对要高一些，这也是嗅觉系统最基本的特征，即对刺激信息加工的能力要弱一些，比如见到鲜花，但不能立即闻到香味。

5.2.2 体积流速

通过实验证明，嗅觉与刺激物的浓度和体积流速都有一定的关系，并且随着浓度的增加，嗅觉强度也会增加，而刺激阈限却会随刺激体积流速的增加而降低。即嗅觉速度加快了，相对地说，嗅觉能力提高了，但刺激物的体积对觉察气味的能力并没有影响。

5.2.3 嗅觉适应

嗅觉适应指的是在有气味的物质作用于嗅觉器官一定时间以后，嗅觉感受性会降低的现象。"入芝兰之室，久而不闻其香；入鲍鱼之肆，久而不闻其臭"，就是一个典型的嗅觉适应的例子。不同的刺激，嗅觉适应的时间也不同，有的只需一两分钟，有的则需要十几分钟甚至更长。嗅觉的适应也具有选择性，即对某种气味适应后，不影响对其他气味的感受性。

5.2.4 嗅觉的相互作用

当两个或几个不同的气味同时出现时，可能引起以下几种类型的嗅知觉：

（1）这个混合物所包含的成分可以清楚地被确认出来；

（2）可以产生一个完全新的气味；

（3）和原来的成分有相似的地方，但嗅起来不像其中任何一个；

（4）其中一个气味可能占优势，使混合物中的其他气味简直闻不出来，这种效应称为掩蔽现象；

（5）可以彼此抵消而闻不到气味，这种现象称为中和作用。

5.3 皮肤感觉

皮肤是人体很重要的感觉器官,感受着外界环境中与它接触物体的刺激。皮肤也是人体面积最大的结构之一,具有调节体温和分泌、排泄等功能,还可以产生触、热、冷、痛等感觉,对情绪的变化也起着重要的作用。

5.3.1 肤觉的产生

人的皮肤是由表皮、真皮、皮下组织三个主要的层和皮肤衍生物组成的。皮肤中心感受器主要位于真皮层。皮肤中广泛分布的感觉神经末梢是自由神经末梢,构成了真皮神经网络,从而产生触、温、冷、痛等感觉。

关于皮肤产生各种感觉的理论,至今还没有统一的说法,但一般认为,真皮中的克劳斯(Krause)末梢球是冷感受器,但也有人否认。真皮中的罗夫尼(Ruffini)小体是热感受器,但也有人将它看作是机械感受器。有毛皮肤中的毛发感受器为压力感受器。巴西尼(Pacini)环层小体是振动信号最重要的感受器。

人的皮肤,除面部和额部受三叉神经的支配外,其余都受31对脊神经的支配。皮肤感受器的细胞体位于对侧脊髓的后根,构成肤觉的神经通络。其中脊髓丘脑通络,传递轻微触觉、痛觉和温度觉的信息,后索通络传递精细触觉与本体觉(肌、腱、关节等感觉)的信息,从而对外界环境刺激,产生各种肤觉的特性。

5.3.2 肤觉的分界

触觉包括肌肉、关节,甚至内脏的感觉,又称躯体觉。肤觉的基本性质经过科学家的长期研究,指出皮肤的不同小点可感受不同的刺激,在皮肤的同一个小点上不能引起不同性质的感受,从而确定了皮肤的不同感受点和基本的肤觉性质,确定了皮肤上的冷点、热点、触点、痛点,也就确定了肤觉的触、温、冷、痛四种基本性质。后经整理,得出身体有关部位每平方厘米的皮肤感觉点(表5-1)。

皮肤感觉点分布　　　　　　　表5-1

感觉 部位	痛	触	冷	温
额	184	50	8	0.6
鼻尖	44	100	13	1.0
胸	196	29	9	0.3
前臂的掌面	203	15	6	0.4
手臂	188	14	7	0.5
拇指球	60	200	—	—

由此可知:触点、温点、冷点和痛点的数目在同一皮肤部位是不同的,其中以痛点、触点较多,冷点、温点较少;同一种感觉点的数目在皮肤不同部位也是不同的。实验证明,刺激强度的增加可导致相应的感觉点的增加,说明感觉点具有一定的稳定性,并且是独立的。

皮肤感觉的特征及其有关理论,虽不完全统一,但这些概念为我们从事环境设计、产品设计,特别是为无障碍设计提供了理论依据。

5.3.3 触觉

触觉是微弱的机械刺激触及了皮肤浅层的触觉感受器而引起的。根据刺激强度,触觉可分为接触觉和压觉。轻轻地刺激皮肤就会使人有接触觉,而当刺激强度增加到一定程度的时候,就产生压觉。压觉是较强的机械刺激引起皮肤深部组织变形而产生的感觉。实际上两者性质类似,是结合在一起的,统称为触压觉。

除触压觉以外,还有触摸觉。这是皮肤感觉和肌肉运动觉的联合,故称皮肤——运动觉或触觉——运动觉,这种触摸觉主要是手指的运动觉与肤觉的结合,又称为主动触觉。触压觉如果没有手的主动参与则称为被动触觉。主动触觉在许多方面优于被动触觉,利用主动触觉可以感知物体的大小、形状等属性。因此,人手不仅是劳动器官,而且是认识器官,这对盲人来说尤为重要。

5.3.3.1 触觉感受性

触觉阈限是指对皮肤施适当的机械刺激,皮肤表面下的组织将引起位移。在理想情况下,小到0.001m的位移,就足够引起触的感觉。皮肤的感受性分绝对感受性和差别感受性。利用毛发触觉计可以测得皮肤不同部位的触压觉的刺激阈限(图5-3)。

不同区域的触觉敏感性不同,由皮肤厚度、神经分布状况、性别不同引起。身体不同部位的触觉感受性由高到低依次如下:鼻部、上唇、前额、腹部、肩部、小指、无名指、上臂、中指、前臂、拇指、胸部、食指、大腿、手掌、小腿、胸底、足趾。身体两侧的感受性没有明显的差别,但女性的触觉感受性略高于男性。

面部、口唇、指尖等处触点的分布密度较高,而手背、背部等处密度较低。总的说来,头面部和手指的感受性较高,躯干和四肢的感受性较低,这是由于头面部和手在劳动和日常生活中较多受到环境刺激的影响。

触觉和视觉一样都是人们感知客观世界空间特性的重要感觉通道。人们可以通过触觉感知客体的长度、大小和形状等。但触觉对空间特性的感知主要表现在它能区分出刺激作用在身体的哪个部位,因此称作触觉定位。通

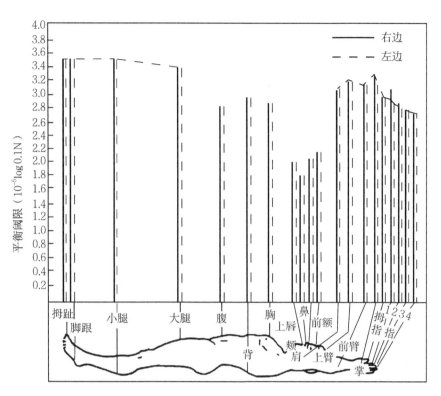

图5-3 男性身体各部位的触觉敏感性

过主试的刺激和被试的定位反应的实验，发现头、面部和手指的定位精确度比较高。同时发现，视觉表象在触觉定位中起着重要的作用，并随着视觉参与越多而越精确（图5-4）。

皮肤的触觉不仅能感知刺激的部位，而且能辨别出两个刺激点的距离。能被感知到的两个刺激点间最小的距离叫做两点阈值。两点阈同触觉定位一样，都是触觉的空

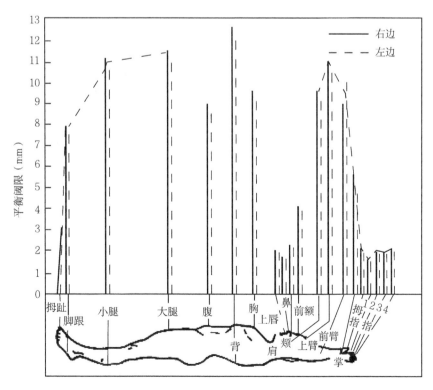

图5-4 男性身体各部位刺激点定位的能力

间感受性。两点阈很像视觉锐敏度，可以也叫作触觉锐敏度。给触觉刺激点定位的能力，也因身体部位不同而异：指尖和舌尖，非常准确，平均误差1mm；上臂、腰部和背部，较差，平均误差1cm左右。

通过实验，发现手指和头面部的两点阈值最小，肩背部和大腿小腿的两点阈值最大。从肩部到手指尖，两点阈值越来越小；离关节越远，两点阈值减少得越多，身体部位的运动能力越高，两点阈值也越低。这种身体部位的触觉的空间感受性随着其运动能力的增高而增高的现象，被称为威洛特（Vierordt）运动律。

触觉和其他感觉一样，在刺激的持续作用下，感受性将发生变化。戴上手套的手完全不动，最初的压觉会减弱，很快地几乎感觉不到手套，穿衣、戴帽、戴眼镜都有这种现象。刺激保持恒定，而感觉强度减小或消失的现象，叫作负适应。触觉经过一段时间后减弱的现象叫不完全适应，完全消失的现象叫作完全适应，适应所需的时间叫作适应时间。刺激的程度越强，完全适应所需的时间也越长。

适应的时间不仅随强度的不同而不同，并且随着刺激皮肤部位的不同而各异。皮肤的触觉感受器对轻的刺激能迅速适应，而对较重的刺激的适应时间则较长。一般来说，手臂和前臂的适应时间较短，额和腮的适应时间较长。

触觉客观空间感受性的特点，对于工业产品设计、服装设计和建筑环境设计都具有一定的参考意义。

5.3.3.2 触觉的功能

触觉和视觉一样，是人们获得空间信息的主要感觉，触觉的生理意义是能辨别物体的大小、形状、硬度、光滑程度以及表面肌理等机械性质的触感。

辨别客体的大小是其重要的空间功能之一。依靠触觉能辨别客体的长度、面积和体积，其中长度辨别是一个基本因素。触觉的长度知觉依赖于时间知觉：利用触觉点的时间间隔而感知物体的长度，再由长度的感知，进而能知觉客体的面积和体积。

触觉的第二个功能是对客体的形状知觉，它和大小知觉一样在很大程度上是依赖主动触觉来实现的，由触觉的定位特性而感知客体的形状。在形状知觉过程中，同时也能感知客体的一些物理特性，如软硬、光滑、粗糙、冷热等。

触觉的形状、大小知觉同视觉的形状、大小知觉有着密切联系，最突出的是触觉信息经常会转换成视觉信息，这种现象称为"视觉化"。这是因为人的视觉表象极其丰富，视觉在人的感觉中非常重要，先天性的盲人就缺少触觉信息的视觉化。

触觉的第三个功能是触觉通信。对盲人来说，盲文就是利用触觉代替视觉；还有"皮肤语言"的研制也是利用皮肤对刺激的部位、强度、作用时间和频率等的辨别能力，这些都是利用触觉"代替"视觉和听觉的一种尝试。此外，还有人在研制一种新的装置，希望能用皮肤去"看"客观事物，也就是用触觉代替失去了的视觉和听觉功能，这无疑为残疾人带来了希望。

5.3.3.3 触觉在设计中的应用

其实，触觉特性的研究，对于正常人来说也有很重要的意义。在现代化生产过程中，特别是对操作台的旋钮和操纵杆的研制、对键盘的研制，都是为了减轻视觉负担，改善操作。形状编码就是旋钮、操纵杆的手柄具有不同的形状，以便利用触觉进行辨认。此外，触觉的形状、大小的知觉特性对研制智能机器人也非常重要。

触觉的特性对于盲人来说更为重要。除了盲文等的研究外，室内外环境的无障碍设计就是利用触觉的空间知觉特性，在道路边缘、建筑物的入口处、楼梯第一步和最后一步，以及平台的起止处、道路转弯处等地方，设置为盲人服务的起始和停止的提示块和导向提示块。

此外，在室内设计中，也需要考虑触觉特性的要求。如椅面、床垫等材料的选择，均要注意手感的要求，使面材有一定的柔软性。又如对于经常接触人体的建筑构配件，以及建筑细部处理，也经常要考虑触觉的要求，如楼梯栏杆、扶手等材料的选择，护墙或护墙栏杆等材料的选择、墙壁转弯处、家具和台口的细部处理，都要满足触觉的要求。

5.3.4 温度觉

冷觉——冷感受器在皮肤温度低于30℃时开始作用；

热觉——热感受器在皮肤温度高于30℃时开始作用，到47℃时为最高。

5.3.4.1 热觉与冷觉

皮肤的重要功能之一就是获得外界的温度信息，这对保持体内温度的稳定和维持正常的生理机能是非常重要的。人的皮肤上存在着许多热点和冷点，当热刺激或冷刺激相应地作用于它们时，就会产生热觉或冷觉。调节体温的机能也部分地存在于皮肤内，如出汗、皮肤血管系统的调节、颤抖等。

人的体内温度约为37℃，皮肤表面温度略低，而且不同部位有不同的温度：耳廓的温度约28℃，前额的温度约35℃，前臂接近37℃。如果没有衣服遮盖，人体皮肤表面的温度约为33℃，此时，这些部位的皮肤不会感到冷或热，因为这些部位对它们自己的温度已产生了适应，其主观感觉温度被称为"生理零度"。这是一个变化的值，在此温度变化范围内存在一个中性区。

实验表明皮肤的冷觉或热觉会随着皮肤表面刺激面积的增加而增强。当较高的温度作用于皮肤（45℃时），就可以产生烫觉。当室温在20～25℃，烫觉阈限范围约为40～46℃。

5.3.4.2 温度适应性

人对温度觉具有很大的适应性，如果刺激温度保持恒定，则温度觉会逐渐减弱，甚至完全消失。当然，适应强度取决于温度刺激的强度和被刺激部位的大小。在不断作用下，温度觉就会产生适应。我们可以做个实验，将手放在35℃的水里，最初会产生温觉，浸入几分钟后，就会逐渐感觉不到它。如果将手放在50℃以上或10℃以下的水里，就会出现持续的温觉或冷觉，这就是温度觉的适应。皮肤对不同温度的适应速度是不一样的，一般说来，环境温度离正常的皮肤温度越远，适应需要的时间就越长。

5.3.4.3 体温调节

人对环境温度有很强的适应性，尽管环境温度变化很大，然而人的体内温度基本上是稳定的，如果体温变化超过1℃，就会发生异常的生理征兆。这说明人体对温度有一定的调节能力，这就是体温调节。

这里所说的体温，是指人体的中心部位的温度，就是脑、心脏、胃肠等内脏部分的温度，即核心温度。而包围这个核心的肌肉——皮肤温度，是受环境温度影响的外壳温度。一日当中，体温最低的时间是在早晨临起床之前，此时的体温叫作基础体温。起床以后，体温逐渐上升，从傍晚到夜间达到最高，就寝以后逐渐下降，到早晨达到最低点。饭后体温会渐渐升高，运动或劳动能使体温升高近1℃，安静后又恢复正常。但同环境温度相比，体温几乎是稳定的。

要维持生活，体内就要不断地消耗能量，这个量是以热量单位卡路里（cal）来表示的，故此消耗量叫做热消耗量或代谢量。体内产生热量，以使体温达到稳定，这就出现了产热量和散热量的平衡问题，也是体温调节的根本问题。

代谢量因各种条件不同而有差异：空腹静卧的代谢量叫做基础代谢量。由于人体的姿势、运动、环境温度、饮食等条件的不同，代谢量均不相同。此外，由于体格、年龄等的差异，代谢量也不相同。人体纳入的能量只有一部分转化为体能，大部分则变成了热能，这就出现了散热问题。

5.3.4.4 人体与环境的热交换

在普通气温的条件下，人体的散热主要是通过大小便、呼气加温、肺蒸发、皮肤蒸发、皮肤传导辐射等途径进行散热的。其中通过皮肤的传导、对流、辐射散热约为70%，蒸发散热约20%，其余10%是其他地方散热。我们可以看到，皮肤的散热量达到了90%，所以受环境影响最大的是皮肤。

由于环境温度的变化，人体散热也有明显的变化。人的体格、体温、肤温、姿势、动作、发汗状态，由于受环境的气温、湿度、气流、辐射的影响，加上衣着状态、衣服质地、式样、种类的不同，散热条件也往往不同。

在环境温度条件当中，影响最大的是气温，但并不是只有气温决定冷暖。首先湿度的影响很大，低湿条件下汗易蒸发，而高湿时则受到妨碍。在30℃的气温条件下，如果湿度从30%上升到50%，人体感觉上温度会提高2℃。

身体为适应环境的冷热变化，维持体温稳定，就必须增加产热量和散热量，以创造新的平衡。当气温下降、湿度下降、气流增强、辐射降低时，散热量就增大，身体趋向冷却，体温下降。要追求平衡，就要减少散热，增加代谢量。这种对寒冷的调整叫对寒反应。冬天比夏天皮肤温度降低得更多，代谢量增加得更大，也就是对寒反应更为强烈。

对热的调整是对寒反应的逆向过程——为增强散热，抑制产热而发生的对热反应。由于皮肤血管扩张使血流增加，皮肤温度上升，辐射会增加，对流散热，进而出现发汗，由于蒸发又使散热加速。因此天气炎热的时候，其实穿着衬衣吸汗比裸露身体更有利于皮肤蒸发散热。

皮肤的冷热感，人体的热平衡都与人体的衣着条件有着深刻的关系。服装的目的就是在于保护身体，维护身体清洁，帮助运动，以及装扮身体的需要。而最初的目的则是防御寒冷：衣服在身体的周围形成了一个温和的热环境，即衣服气候。加上室内气候，被叫做二重人工环境。衣服气候作为人工环境来说，是人体散热的必经途径，它与热的传导、对流、辐射、蒸发等都有关系，抑制寒冷的传导、对流和辐射，促进热的蒸发和对流，并防止来自外部的辐射。

5.3.5 痛觉

剧烈性的刺激如冷、热接触，压力等，肤觉感受器都能接受这些不同的物理和化学的刺激，从而引起痛觉。各个组织的器官内都有一些特殊的游离神经末梢，在一定的刺激强度下，就会产生兴奋而出现痛觉。这种神经末梢在皮肤中分布的位置，就是痛点。每一平方米的皮肤表面约有100个痛点。

痛觉可以使机体产生一系列保护性反应来回避刺激物，使人的机体进行防卫或改变本身的活动来适应新的情况。

5.4 本体感觉

人在进行各种操作活动的同时能给出身体及四肢所在位置的信息，这种感觉称为本体感觉。本体感觉包括两部分：

（1）平衡觉

平衡觉是人对自己头部位置的各种变化及身体平衡状态的感觉。耳前庭系统的作用主要是保持身体的姿势及平衡。影响平衡觉的因素有：酒精、年龄、恐惧、突然的运动、热紧迫、不常有的姿势等。

（2）运动觉

运动觉是人对自己身体各部位的位置及其运动状态的一种感觉。通过运动觉系统感受并指出四肢和身体不同部位的相对位置。运动觉涉及人体的每一个动作，是仅次于视觉、听觉的感觉，人的各种操作技能的形成都有赖于运动觉信息的反馈与调节。

5.5 空间知觉

空间知觉指人脑对空间特性的反映。人眼的视网膜是一个二维空间的表面，但在这个二维空间的视网膜上却能够看出一个三维的视觉空间，也就是说，人眼能够在只有高和宽的两维空间的基础上看出深度。

空间视觉是视觉的基本机能之一，但必须通过大脑的综合作用才能感知物体的空间关系，这种视觉机能的认知过程及其影响因素十分复杂。人在空间视觉中依靠很多客观条件和机体内部条件来判断物体的空间位置。这些条件称为深度线索：如一些外界的物理条件，单眼和双眼视觉的生理机制以及个体的经验因素，在空间知觉中都起着重要作用。

空间知觉的主要因素有以下几点。

5.5.1 眼睛的调节

人们在观察物体时，眼睛的晶状体会调节变化，以保证视网膜获得清晰的视像：在观看远处物体对，晶状体比较扁平，看近时，晶状体较凸起。眼睛调节活动传给大脑的信号就是估计物象距离的依据之一，但这种调节机能只会在10m之内起作用，对于远的物体，这种作用不大。

调节作用主要是依靠视网膜上视象的清晰度来知觉距离的，当眼睛注视空间某一点，如同照相机对焦，这一点就清晰，而其他点就模糊，这类清晰和模糊的视象分化，称为距离的线索。

5.5.2 双眼视轴的辐合

在观看一个物体的时候，两眼的中央窝对准对象，以保证物象的映象落在视网膜感受性最高的区域，来获得清晰的视觉。在两眼对准物象的时候，视轴必须完成一定的辐合运动。看近物，视轴趋于集中；看远物，视轴趋于分散，如图5-5所示。控制两眼视轴辐合的眼肌运动就提供了关于距离的信号给大脑，也就感知了物体的距离。但视轴的辐合只在几十米的距离起作用，对于太远的物体，视轴接近平行，对估计距离就起不了作用。

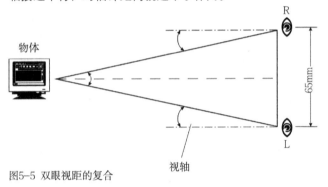

图5-5 双眼视距的复合

5.5.3 双眼视差

当注视一个平面物体的时候，这个物象基本落在两眼的视野单象区上面，如果将两眼视网膜重叠，则这两个视像吻合，就引起了平面物体的知觉。

由于人的双眼相距大约为65mm左右，因此在观看一个立体对象时，两只眼睛可以从不同角度来看这个对象。左眼看到物体的左边多些，右眼看到物体的右边多些，在两个视网膜上就分别感受到了不同的视像。这种立体物体在空间上造成两眼视觉上的差异，称为双眼视差。两眼不相应部位的视觉刺激，以神经兴奋的形式传给大脑皮层，便产生了立体知觉。

在深度知觉中，两眼视像的差别可以是横向像差或纵向像差。在正常姿态下，一个视网膜上的视像与另一个视网膜上的视像差别，一般都是在水平方向上向边侧位移，所以叫作横向像差，这是双眼空间视觉的重要因素。两个视网膜的上下方向的像差，叫作纵向像差，这种情况比较少见。

5.5.4 空间视觉的物理因素

二维的视网膜平面能感知三维的立体空间，除了以上的生理因素外，客观环境的物理因素对空间知觉也有一定的影响，人们可以根据经验来知觉物体的空间距离，条件是：

（1）倘若我们知道一个客体的实际大小，通过视觉就可推算出它的距离，视网膜视象的大小就成为距离的线索。视象小的物体显得远一些，反之则近一些。

（2）物体的相互遮挡也是距离的线索，被遮挡的物体在后面，没有被遮挡的物体则在前面，因而显示了物体的相对距离。

（3）光亮的物体显得近，灰暗或阴影中的物体显得远，这也显示了物体的空间距离。

（4）远处的物体一般呈蓝色，近的物体呈黄色或红色，这就使人产生联想，认为红色的物体是在较近的地方，蓝色的物体是在较远的地方，从而显示了空间的距离。

（5）空气中的灰尘使视觉看不清楚，于是空气透明度小，看到物体显得远，反之显得近。

（6）物体线条由于透视等因素，也使视觉能感知物体的空间距离。

所以尽管人的视网膜是二维平面，但由于多种因素的综合作用而能知觉三维空间的存在。了解空间知觉的原理，对于空间设计，了解空间的视觉特性是极其有利的，便于人们有意识地去创造合适的空间大小，以及室内物体的空间关系。

本章思考题

（1）试述听觉适应的概念。
（2）什么是掩蔽效应？
（3）试述嗅觉适应的概念。
（4）考虑怎样在设计中应用人的触觉。
（5）人体的皮肤感觉有哪几种？
（6）试述本体感觉的概念。
（7）试述空间知觉的概念。

第6章 心理学基础

心理学是研究人的心理现象及其活动规律的科学。心理是人的感觉、知觉、注意、记忆、思维、情感、意志、性格、意识倾向等心理现象的总称（图6-1）。

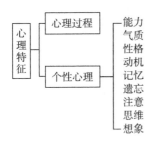

图6-1 人的心理特征

6.1 心理和行为

从哲学上讲，人的心理是客观世界在人头脑中主观能动的反映，即人的心理活动的内容来源于客观现实和周围的环境。每一个具体的人所想、所作、所为均有两个方面，即心理和行为。两者在范围上有所区别，但又有不可分割的联系。心理和行为都是用来描述人的内外活动，但习惯上把"心理"的概念主要用来描述人的内部活动（但心理活动要涉及外部活动），而主要将"行为"概念用来描述人的外部活动（但人的任何行为都是发自内部的心理活动）。所以人的行为是心理活动的外在表现，是活动空间的状态推移。

由于客观环境随着时间和空间的变化不断改变，人的心理活动也随之而改变。心理活动是依靠人的大脑机能来实现的，这就必然受到人体自身特点的影响，由于年龄、性别、职业、道德、伦理、文化、修养、气质、爱好等不同，每个人的心理活动也都千差万别。所以心理活动具有非常复杂的特点，心理学的研究在不断地深化，心理学的应用也在不断地扩大。

人的心理活动一般可以分为三大类型：

一是人的认识活动，如感觉、知觉、注意、记忆、联想、思维等心理活动；

二是人的情绪活动，如喜、怒、哀、乐、美感、道德感等心理活动；

三是人的意志活动，这是在认识活动和情绪活动的基础上进行的行为、动作、反应的活动。

心理活动在心理学中常用三种维度来描述其活动的特征：

一是心理活动的过程，如正在进行的感觉、知觉，正在体验的喜悦、正在做出的动作；

二是心理活动的状态，如在进行的心理活动中，感觉到什么内容、什么程度，比如是高兴还是很高兴；

三是个性心理特点，如不同的性格、气质、价值观、态度等特点。

6.1.1 记忆

6.1.1.1 概念

人们感知过、思考过、体验过、操作过的事物，都可以保留在头脑中，并且在需要的时候又可以将它们重现出来，这一过程即为记忆。记忆是过去经验在人脑中的反映。记忆是各种信息处理活动的基础，是人脑对外界刺激的信息储藏。

记忆是人们获取知识、积累经验、进行高级认识活动和发展个性心理特征的必要条件。

6.1.1.2 记忆的内容与过程

记忆包括记和忆——记体现为识记和保持；忆体现为再认和回忆。

按照记忆的内容，记忆可以分为动作记忆、情绪记忆、形象记忆和语言记忆四种。与设计关系最密切的是形象记忆。依靠形象记忆，人们才能进行形象思维活动。

记忆是大脑获得知识经验并巩固知识经验的过程。通常是从识记开始的，在识记之后，大脑就开始对记忆材料进行保持，并在必要时进行回忆和再认，这就是记忆的全过程。在这个过程中还伴随着遗忘的发生。

6.1.1.3 识记

识记可分为无意识记和有意识记。

最初级的记忆形式就是无意识记，也就是没有预先确定目的的无意形成的记忆。人们对偶然感知过的事物，当时并没有意图去记住它，但后来却有不少能被记住并能回忆起来或再认出来，这就是无意识记。

无意识记表明凡是发生过的心理活动都能在头脑中保留印迹。但这种印迹有浅有深，浅的事过境迁就不再记得，深的会经久难忘。因此，无意识记有很大的局限性。

有意识记有目的、有动机，是采取一定措施，按一定的方法步骤，经过意志努力去进行的识记。有意识记是一种特殊而复杂的，有思维参加的活动，是有意地反复感知或印迹的保持过程，是比较巩固、持久的记忆。

因此，有意识记比无意识记的效果要好得多。为了得到系统的知识和技能，都必须进行有意识记。

6.1.1.4 记忆的三个阶段

按照信息保持的时间长短，可以把人的记忆分为**瞬时记忆、短时记忆和长时记忆**三种类型。瞬时记忆是指人接受外界刺激后在0.25～2 s的时间里的记忆；短时记忆是指在1 min以内的记忆；长时记忆是指1 min以上，甚至终身的记忆。

（1）瞬时记忆

感觉信息储存记忆的初级阶段，它是外界刺激以极短的时间一次呈现后，一定数量的信息在感觉通道内被迅速登记并保持一瞬间的过程。感觉信息传入神经中枢后，在大脑组织中储存一段时间，使大脑能够提取感觉输入中的有用信息，抽取特征和进行模式识别。瞬间记忆这种感觉信息贮存过程衰减很快，大约只有几分之一秒，所能储存的信息数量也有一定限度，延长时间并不能提高它的效率。

（2）短时记忆

操作记忆——它是信息一次呈现后，保持时间在一分钟以内的记忆。短时记忆的持续时间比感觉信息储存时间长，但也只有若干秒，不会超过几十秒。短时记忆的保存时间与储存信息量的多少是反比例关系，信息量少则保存时间长，信息量大则保存时间短。短时记忆所能储存的数量有一定的限度，如果要保证记忆效能的话，则需要记忆的信息数量不能超过人所能储存的容量。

（3）长时记忆

长时记忆没有时间的限制，它可以延续人的一生，也没有数量限制。长时记忆是人脑学习功能的基础。记忆发展的最高阶段，保持时间在1 min以上、数日、数月、数年、甚至终身不忘的记忆。

记忆过程中有许多规律，如能合理地加以利用，就能加强记忆力。一是记忆活动要有明确的目标，二是对记忆的材料进行理解，三是注意记忆材料的特征，四是多种感官的并用，五是采用多种形式复习记忆材料。

另外，经过识记存储在大脑中的信息一旦被提取，就是回忆和再认。回忆是经历过的事物不在眼前时大脑提取的有关信息；再认则是经历过的事物再次出现在眼前时，能够识别它们。因此再认比较简单一些，进行再认时也就有可能发生错误。

6.1.2 遗忘

保持在头脑中的信息随着时间的推移和后来经验的影响，不论在质量上，还是在数量上都发生了一定的变化。数量上变化的一个重要表现，就是识记的保持量逐渐减少，导致识记过的信息不能再认和回忆，或者发生错误的再认和回忆——这就是遗忘。

在识记外界事物之后，把它们储存起来是保持过程，但在保持过程中，记忆的材料会发生一定的变化，这就是遗忘。

6.1.3 注意

6.1.3.1 概念

注意是依附和伴随着人的认识、情感、意志等心理过程而存在的一种心理现象。人的心理活动均有一定的指向性和集中性，心理学上就称为注意。当一个人对某一事物发生注意时，大脑两半球内的有关部分就会形成最优越的兴奋中心，同时这种最优越的兴奋中心，会对周围的其他部分发生负诱导的作用，从而对于这种事物就会具有高度的意识性，从而对该事物产生清晰、完整和深刻的反映。

6.1.3.2 分类

（1）有意注意

有意识注意是指有预定目的，必要时还需要做出一定意志努力的注意。这种注意主要取决于自身的努力和需要，也受客观事物刺激效应的影响。例如我们如果有意购买某一物品时，便会注意选择哪一家商店最合适，而商店就要将商品陈列在最容易被顾客注意的地方，也正是因为这样才有了橱窗设计。

（2）无意注意

无意注意是指没有预定的目的，也不需要作意志努力的注意，它是由于周围环境的变化而引起的。

影响注意的因素有两个方面：一是人自身的努力和生理因素，二是客观环境。

注意力是有限的，被注意的事物也有一定的范围，这就是注意的广度——它是指人在同一时间内能清楚地注意到的对象的数量。心理学家通过研究证实，人们在瞬间的注意广度一般为7个单位。如果是数字或者没有联系的外文字母，可以注意到6个；如果是黑色圆点，则可以注意到8～9个，这是注意的极限。

在多数情况下，如果受注意的事物个性明显，与周围事物反差较大，或本身面积或体积较大，形状较显著，色彩明亮艳丽，则容易吸引人们的注意。

6.1.4 思维

6.1.4.1 思维的定义

思维是人脑对客观事物间接和概括的反映，它是认识过程的高级阶段，人们通过思维才能获得知识和经验，才能适应和创造环境，思维是心灵的中枢。

6.1.4.2 思维的过程：

分析——把事物整体分解成为各个部分的思考过程；

综合——把事物各个部分联系起来的思考过程；

比较——把事物的相同点和相异点及其关系区别开来的过程；

抽象——把事物的本质特征和非本质特征区别开来的思考过程；

概括——把事物的共同点和一般点分开来，并以此为基础把它们联系起来的思考过程。

6.1.4.3 思维的形式

概念——是人们对事物一般特征和本质特征的反映。

判断——是对事物之间关系的反映。例如我们谈到住宅，就会判断它与其他建筑不同，它是住人的。谈到厨房，就会判断它和其他房间不同，它是从事炊事活动的地方。

推理——是从一个和几个已知判断中推出的新的判断。比如上楼梯，第一步、第二步、第三步的踏步都一样高，则会推理出第四步、第五步也一样高。

6.1.4.4 思维的特点

（1）敏捷性——指思维活动的敏锐程度。有的人创造思路敏捷，有的人则较慢。敏捷性是可以培养的，多思考、多观察都会提高思维的敏捷性。

（2）灵活性——指思维的灵活程度。有的人掌握一种创作方法，会举一反三，看到周围对创作有用的东西，会很快在设计中加以运用，这就是思维灵活性强的表现。

（3）深刻性——指思维活动的深度。有的人能抓住设计创作的本质，根据基本原理进行创作活动，他的思维活动就具有深刻性。

（4）独创性——指思维活动的创造精神，即创造性思维。有的人对设计有独特的见解，有自己的一套创作方法，他的思维就具有创造性。

（5）批判性——指思维活动中分析和批判的深度。有的人善于发现作品中的不足处而加以改进，而有的人则满足于一时的成果。

6.1.5 想象

6.1.5.1 想象的含义

想象是人脑对已有表象进行加工改造而创造新形象的过程，也就是利用原有的形象在人脑中形成新的形象的过程。想象是一种高级认知活动，它对已有表象的认知加工，是一种复杂的分析与综合活动。在想象时，人们从已有表象中抽取出必要形象元素，再将它们按照一定的构思重新结合，构成新的形象。

6.1.5.2 想象的分类

（1）无意想象

无意想象是指没有目的、不需要做出努力的想象。是没有预定目的的，在一定刺激的影响下，不由自主地产生的想象，梦就是无意想象的极端形式。

（2）有意想象

有意想象是指根据一定的文字或图形来描述所进行的想象，是在一定的目的、意图和任务支配下的有意识的自觉的想象。有意想象又可分为再造想象、创造想象和幻想。

再造想象——是根据语言、文字的描述或图表、模型的示意，在头脑中形成相应形象的心理过程。

创造想象——是在头脑中构造出前所未有的想象，不是依据现成的描述，而是按照自己的创建，在头脑中独立地构思某些新形象的过程。

幻想——是对未来的一种想象，它包括人们根据自己的愿望，对自己或其他事物的远景的想象。是一种与主体愿望结合并指向未来事物的想象过程，是对未来前景和活动的一种形象化的设想。

6.1.5.3 想象的作用

（1）想象是一种内省，可以调节人体在各种情况下的反应。想象通过积极正面地对事物做出回应，使身体作出有益于健康的反应。

（2）想象可以帮助我们克服恐惧、树立自信、增强兴趣，潜意识中充满快乐。潜意识正是控制我们的态度和思维的重要部分。

（3）想象可以使我们的思维摆脱单调而无聊的日常定式，来到一个更加美好的世界中，我们的愿望在这里都能实现。想象就是为了保持积极的态度，从而改善我们的生活质量。

（4）想象能够帮助我们树立积极向上的思维方式，从而培养出乐观的个性，享受现实生活中的美好并对未来充满憧憬，将过去的美好和不幸都转变成自己的经验和智慧。

（5）想象是一种感觉、一个主意、一个计划，是在我们心底对我们所渴望的一切做出最完善的准备。

（6）想象能够锻炼人的形象思维能力和创造能力。将形象的力量转化为内在的健康、自信以及满足，所有的人都能够在自己的心中创造出美好的形象。

(7) 想象能够帮助我们将大脑的左右半球联系起来，并刺激大脑的各个部位参与整体活动。

我们的大脑有着完善的能力，能够将现实的生活转变为不可思议的美好景象。大脑的每个半球都有不同的职能：左半球负责逻辑思维，从事分析、计算和语言学习，右半球负责形象思维，代表想象力和创造力，负责形象、感觉、诗歌、梦想和创新。最理想的状态是大脑的两个半球协调一致的工作，在这样的状态下，大脑能够完善地捕捉外界的信息，从而做出全面的决定。但通常情况下，两个半球很少能够协同工作。

对设计师来说，设计需要想象，每一个作品的创造，都是创造想象的结果。缺乏创造力、想象力的设计师，没有创造性的指导思想，就不可能创造出优秀的、具有一定风格的作品。最多属于再造想象——再现或模仿他人的设计。跳不出已有的思维模式，缺乏个性和创新的设计结果必然是大同小异、千篇一律。

6.2 人的行为心理与空间环境

人们在空间中采取什么样的行为并不是随意的，而是有着特定的方式。这些方式有些受生理和心理的影响，有些则是人类从生物进化的背景中带来的。了解人的这些行为特征对于空间环境的设计会有很大的帮助。人体尺寸及人体活动空间决定了人们生活的基本空间范围，然而，人们并是不仅仅以生理的尺度去衡量空间的，对空间的满意程度及使用方式还取决于人们的心理尺度，也就是心理空间。

人的行为特征因受诸如文化、社会制度、民族、地区等各种因素的影响，显得非常复杂多样，但在这里我们只讨论与设计有关的那部分的行为特征。

6.2.1 个人空间

6.2.1.1 概念

个人空间是指存在于个体周围的最小空间范围，是个人活动和生存的基础。对这个范围的侵犯和干扰，将会引起人的焦虑不安。个人空间随着个体活动而移动，它和领域的不同点就在于它是生理和心理上所需要的最小空间，这一概念最早是由心理学家索姆尔（R. Summer）提出的。

每个人都有自己的个人空间，是指直接在每个人周围的空间，通常具有看不见的边界，不允许"闯入者"进入边界之内。它随着人移动，具有灵活的伸缩性。在某些情况下我们可以比在其他情况下允许他人靠得近些，例如在地铁中人们有时要比在办公室中靠得更近。

个人空间的存在有很多的证明，比如人们在图书馆中、在公共汽车上或在公园中找一个座位时，总是想找一个与其他不相关的人分开的座位；在人行道上行走时会与别人保持一定的距离。人们还会使用各种不同的方法来限定自己的个人空间，例如在公园长凳上对坐得太近的陌生人怒目而视，或者将手提包或帽子放在自己和陌生人之间作为界限。人与人之间的密切程度就反映在个人空间的交叉和排斥上（图6-2）。

图6-2 个人空间

6.2.1.2 作用

一是使人与人，人与空间环境间的相互关系得以分开，使其保持各自完整又不受侵犯的空间范围——身体缓冲区。这是研究行为空间的基础。

二是使个人之间的信息交往处于最佳状态，在此范围内个体之间得到最广泛的信息交换。这是研究人际距离、人际关系的基础。

6.2.1.3 影响因素

影响个人空间的主要因素有：个人因素，如年龄、性别、文化、社会地位等；人际因素，如人与人之间的亲密程度；环境因素，如活动性质、场所的私密性等。

人的心理因素对个人空间影响很大。如何掌握这一"心理空间"尺度，就要求设计师对人和环境有着充分的理解，因人、因事、因时、因景地确定个人空间的大小。

(1) 因人：要分清不同性别、不同年龄、不同种族、职业、文化等诸多因素。如儿童之间的个人空间就较小，其他因素的影响也很少。而成人之间、老少之间、男女之间、不同民族的个人之间、不同职业人员之间，个人空间

(2) 因事：要分清场合。有共同需求时个人空间就小，如恋爱、跳舞；要相互讨论时个人空间就较适中，如洽谈、接待、买卖之间；有相互冲突时个人空间就较大，如竞赛、谈判等。

(3) 因时：是社会环境的影响。社会安定和睦，个人空间就较小，反之则较大。

(4) 因景：在不同环境下，个人空间有不同的尺度，比如在车厢里和在餐厅里，个人空间就有不同的要求。

所有这些因素，都需要设计师综合地进行考虑，合理、科学地处理好各种关系。

6.2.1.4 人际距离

人与人之间距离的大小取决于人们所在的社会集团（文化背景）和所处情况的不同而相异。熟人、陌生人、不同身份的人，人际距离都不一样。一般来说，熟人和平级人员距离较近，陌生人和上下级较远。身份越相似，距离越近。人际距离的大小也会随地点的不同而变化，如在办公室里和在街道上是不同的。

根据人类学家赫尔（E·Hall）的研究结果，人际距离包括了以下常见的几种空间距离关系。

(1) 亲密距离

当事人一般相距0～50cm。在此范围内所实现的活动（如家庭活动）对于家具和设备布置有参考意义。在体育运动中的角斗、拳击活动，也在此距离内。

(2) 个人距离

当事人一般相距50～130cm。此范围内所表现的活动，指亲密朋友间接触或日常同事间交往，对起居室和接待空间的设计具有参考意义。一般两个人面对面非正式谈话的距离为1m。

(3) 社交距离

当事人一般相距1.3～4m。在此范围内，常见的是非个人的或公务性的接触，对较正规的接待室和商场柜台布置具有参考意义。

(4) 公共距离

当事人一般相距4m以上。在此范围内表现的是政治家、演员与公众的正规接触，这对接待大厅、会议室等室内外空间设计具有参考意义。

此外，女性决定坐的位置受位置附近人的情况的影响较大；还有人做过一个有趣的试验：当讲演者站在距离第一排听众3m以上的位置时，听众们愿意坐在前三排。当讲演者距离第一排0.5m时，听众们则坐在后三排。

6.2.2 领域

6.2.2.1 概念

领域是从动物的行为研究中借用过来的，它是指动物的个体或群体常年生活在自然界的固定位置或区域，各自保持自己一定的生活领域，以减少对于生活环境的相互竞争，这是动物在生存进化中演化出来的行为特征。

人也具有领域性，来自于人的动物本能，但与动物不同，领域对人已不再具有生存竞争的意义，而更多的是心理上的影响。与个人空间所不同的是，领域并不随着人的活动而移动。有人将与人类有关的领域性定义为："使人对实际环境中的某一部分产生具有领土感觉的作用"。

领域是指人为了某种需要而占据的一定空间范围。这种范围可以是个人座位，也可以是一间房子，或是一幢房子，甚至是一片区域，它可以有围墙等具体的边界，也可以是象征性的，容易为他人识别的边界标志，或是使人感知的空间范围。

人对空间的占有和支配，是生命的渴望和本能。占有和控制领域是所有动物的行为特征，也是人的特殊需要。如两人同住在一房间内，该房间被分成两个大致相等的空间范围，各人的物品也会放在各自的范围内。相邻两户住宅前的空地，人们也会本能地用围墙或植物带隔开，以示各自的范围。

领域性在日常生活中很常见，如办公室中每个人的位子，住宅门前的一块区域，或是一家之长有其他人不得占据的座位。扩大领域范围是一切动物的行为特征，也是多数人的行为表现或欲望。有了一间房子，条件许可时又想占有一套房子，从小房子换成大房子，这也是日常生活中常见的事。

6.2.2.2 人类领域的特殊性

将领域人格化是人对领域占有的一个共同特点。所谓领域人格化，是指领域的占有者总是将领域处理得具有特殊性，以肯定自己的身份，肯定他在人群中的地位。最有效的方法就是将物质环境作特殊处理，以示占有者身份。如住宅的出入口、围墙等特殊设计，使其住宅具有标志性，或是将室内家具、陈设、装饰等作特殊处理，使其具有个性。

人是社会的人，是有理智的，人类对领域的占有和支配，是受社会环境、自然环境、生态环境等诸多因素所影响的，这也是人与动物关于领域的最大区别。人们不可能，也不应该无限地扩大或占有社会和环境允许的领域。环境的可持续性也不可能无限地实现占有者对领域的要求，因而领域在动态中平衡，这是人类领域的特殊性。

6.2.2.3 作用

人类领域特性的积极作用是：领域的要求促使占有者进行正常的活动，为自身提供安全感，实现自我表达的可能性，使空间环境构成一定的秩序，也使人类的建筑活动在动态中得到发展与平衡。

人类领域特性的消极作用是：由于人类具有扩大领域的本能，因而造成占有者彼此之间的攀比，甚至是斗争，从而使人际关系、邻里关系，甚至是社会关系复杂化，比如在日常生活中经常出现因为停车场、院子阳台等的邻里纠纷。

关于领域的研究对设计具有指导意义，既不能无限地让占有者随意扩大领域，也不能不合理地缩小个人领域。这就要求设计者合理地确定个人领域和公共领域的界限，既保障领域占有者的安全，又要便于人群交往。在室内设计中也要明确个人领域的大小，使室内活动能够正常进行。

6.2.3 人在空间中的定位

有学者曾经对在公共场合等待的人们进行观察，发现人们在可能占据的整个空间中均匀地散布着，例如在地铁、车站候车的人们或是在剧场门厅等候演出的人们。调查统计后发现人们总是愿意站在柱子附近，并且远离人群行走路线；还有的设法站在视野开阔而本身又不引人注意的地方，并且不会受到行人的干扰。

人们在空间中选择位置还与和他人的相对位置有关。在一项研究中表明，在非正式谈话时人们更愿意面对面坐着，除非距离大于相邻的时候。研究还发现有些事物对于谈话是否能够顺利进行有重要的作用，如头部的运动及双方眼睛的对视，这对于控制谈话的情绪和节奏是非常重要的。

如果是用长方桌进行谈话，一般情况下人们最愿意选择桌子的任意一角的两侧；当两人竞争时则愿意长边相对而坐；在双方合作时他们的最佳选择是相邻而坐；在他们不需要进行交流时则对角而坐；互相不认识的人总是尽可能试图远离他人，以避免目光的直接接触。

6.2.4 人的行为习性

人类在长期生活和社会发展中，由于人和环境的交互作用，逐步形成了许多适应环境的本能，这就是人的行为习性。

6.2.4.1 向光性

向光性是人类的本能和视觉的特性，人类离不开光，有了光就有了希望、有了安全感，缩短了人际距离。两个相邻的出入口，一个有光亮，一个没有光亮，人们几乎都会选择有光亮的出入口；观看一个橱窗，首先引起人们注意的是光亮度最强的物品；走进室内，首先被看到的也是在灯光照射下的家具、物品。

由于注意的心理特性，人在室内环境中，首先注意的是相对光亮度强的物体。光亮的物体的刺激强度大，特别是光亮度不断变化或闪烁的物体，最容易使大脑两个半球的有关部位形成最优越的兴奋中心，同时这种兴奋中心会对其他部位发生诱导的作用。这就产生了高度的指向性和集中性——这就是人的向光性。

人的向光性特点，对室内设计来说显得极其重要。在商场、展厅、娱乐场的设计中，利用向光性的特点，可以不做顶棚或局部设置吊顶。因为当人们进入室内时，首先注意光亮度大的物品，极少注意很暗的顶棚，这样顶上的管线和送风口即使显露出来，也很少被人察觉。这样不仅节约了造价，同时也便于检修。所以，现在我们可以看到越来越多的商业场所的顶部都将管道等直接暴露在外面，但是都刷成了黑色，一般人并不会注意到。

另外，在安全设计中，由于光亮处容易引起人们的注意，故设置灯光可起到防范的作用。在安全出入口作光导向设计，比安全标志更起作用。

6.2.4.2 私密性

私密性指个人或群体控制自身在什么时候，以什么方式，在什么程度上与他人交换信息的需要。私密性有四种基本状态：独居、亲密、匿名和保留。独居、亲密，指一个人独处或几个人亲密相处时，不愿受到他人干扰的实际行为状态。匿名指个人在人群中不求闻达、隐姓埋名的倾向。保留指对某些事物加以隐瞒和不表露态度的倾向。

私密性也是人的本能，它可以使人具有个人感，并按照自己的想法来支配环境，在没有他人在场的情景中充分表达自己的感情。私密性在人际关系中形成了人际距离，即人与人之间所保持的空间距离。这种空间距离，在社会学中是一种信息的关系，一种情感距离；在环境科学中则是实际的空间尺度，两者之间有一定的联系。

根据人类学家赫尔（E·Hall）的研究结果，人际距离包括以下常见的几种空间距离关系。

（1）亲密距离

当事人一般相距0~50cm。在此范围内所实现的活动（如家庭活动）对于家具和设备布置有参考意义。体育运动中的角斗、拳击活动，也在此距离内。

（2）个人距离

当事人一般相距50~130cm。此范围内所表现的活动，指亲密朋友之间接触或日常同事间交往，对起居室和接待空间的设计具有参考意义。

(3) 社交距离

当事人一般相距1.3~4m。在此范围内，常见的是非个人的或公务性的接触，对较正规的接待室和商场柜台布置具有参考意义。

(4) 公共距离

当事人一般相距4m以上。在此范围内表现的是政治家、演员与公众的正规接触，这对接待大厅、会议室等室内外空间设计具有参考意义。

6.2.4.3 捷径效应

捷径效应是指人在穿过某一空间时总是尽量采取最简洁的路线，即使有别的因素的影响也是如此。当人们清楚知道目的地的位置，或是有目的地移动时，总是有选择最短路程的倾向。我们经常会看到，有一片草地，即使在周围设置了简单路障，但由于其阻挡了人们的近路，结果仍旧被穿越，久而久之，就形成了一条人行便道。即使在室内，由于出入口位置不当或是家具布置不妥要绕道行走，也会使人感到烦恼（图6-3）。

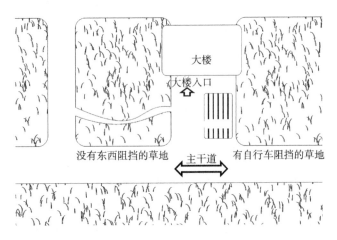

图6-3 捷径效应

6.2.4.4 识途性

识途性是动物的习性。在一般情况下，动物感到危险时会沿原路折回。人类也有这种本能，当人们不熟悉路径时，会边摸索边到达目的地；而返回时，为了安全仍会循着来路返回。

6.2.4.5 左侧通行

在没有汽车干扰的道路和步行街、中心广场以及室内，当人群密度达到0.3人/m²以上时，我们可以发现行人会自然而然地选择左侧通行。这可能同人类使用右手机会多，形成右侧防卫感强而照顾左侧的缘故。这种行为习性对商场的商品陈列、展厅的展品布置等有很大的参考价值。

6.2.4.6 左转弯

同左侧通行的行为习性一样，在公园、游乐场、展览会场，观众的行动轨迹有左转弯的习性。同样，在运动中，几乎都是左回转，如体育比赛跑道的回转方向。这种现象对室内楼梯位置和疏散口的设置以及室内展线布置等均有指导意义。

6.2.4.7 从众习性

从众习性是动物的追随本能，当遇到异常情况时，一些动物向某一方向跑，其他动物会紧跟而上。人类也有这种"随大流"的习性。

这种习性尤其对室内安全设计有很大影响。发生灾害或异常情况时，如何使首先发现者保持冷静是最重要的。由于人类还有向光性和躲避危险的本能，因此还可以用闪烁安全照明指明疏散口，或用声音通知人员安全疏散。

6.2.4.8 聚集效应

研究发现，人群步行速度与人群密度之间有一定的关系。当人群密度超过1.2人/m²时，步行速度有明显下降的趋势。当空间的人群密度分布不均时，则会出现滞留现象。如果滞留时间过长，聚集的人群还会越来越多——这种现象就是聚集效应。

人类具有好奇的本能，日常生活中，当某个地方发生异常情况，比如出了交通事故，或者有人打架，则附近的人群会向这个地方集结，这也是聚集效应的体现。

聚集效应在室外室内均会发生，在进行建筑设计和室内设计时设计者会利用这种特性，比如将同类商品聚集在一起时更易于销售；还有的商家会利用假顾客"抢购"商品，造成聚集效应以招揽其他顾客。

6.2.4.9 幽闭恐惧

幽闭恐惧在人们的日常生活中也很常见，只是程度不同。如乘电梯、坐在飞机狭窄的舱里，会有一种危机感，会莫名其妙地认为万一发生问题会跑不出去。由于人们对自己的生命抱有危机感，故这些并非是胡思乱想，而是有其道理可寻。因为这类的封闭空间的形式断绝了人们与外界的直接联系。

现代建筑空间的构成日趋复杂庞大，这种相对隔绝与封闭的空间也日渐增多。那么，怎样避免人们产生危机感？有人发现窗对人的影响并不仅仅在于采光、通风，因为这些都可以通过其他的人工方式解决，而窗最重要的功能是使在封闭空间内的人与外界发生了联系。由此可见，与外界联系对人的重要性，因此在这类封闭空间中我们总是能看见与外界联系的途径，比如在电梯中安装电话。

本章思考题

(1) 试述记忆的三个阶段。

(2) 注意有哪两种类型？

(3) 想象有哪两种类型？

(4) 什么叫个人空间？生活中你有没有碰到过这样的情况？

(5) 怎样在设计中利用人的向光性？

(6) 试述人的私密性需要。

(7) 在你的身边有捷径效应的例子吗？

第7章　设计心理学与消费者心理学

心理学是研究人的心理活动规律的科学，心理学活动又称心理现象。心理是人脑的机能，是人脑对客观现实的反映；客观现实是心理活动的内容源泉，心理活动是客观现实的主观映象。心理学是在实践活动中发生、发展的。

7.1 设计心理学

7.1.1 设计心理学内涵

7.1.1.1 概念

设计心理学是专门研究在设计活动中，如何把握消费者心理，遵循消费行为规律，设计适销对路的产品，最终提升消费者满意度的一门学科。设计心理学是建立在心理学基础上的一门学科，是把人们的心理状态，尤其是人们对于需求的心理，通过意识作用于设计的一门学科。它研究人们在设计创造过程中的心态，研究设计对社会、对社会个体所产生的心理反应以及心理反应对设计的反作用，最终使设计更能够反映和满足人们的心理需求。

设计心理学是以心理学的理论、方法和手段来研究"人"的因素（设计结果的决定因素），从而引导设计成为科学化、有效化的新兴理论学科。

设计是一门边缘学科，这也决定了设计心理学是一门与其他学科交叉的边缘子学科，要完全隔断各学科之间纵横交错的关系是不可能的。例如，心理感受的内容大都通过对生理反应的测试得以验证，将设计心理学与生理学相结合，可以对设计评价提供行之有效的方法。

7.1.1.2 研究内容

设计心理学的研究是企图沟通生产者、设计师与消费者之间的关系，使每一个消费者都能买到满意的产品。要达到这一目的，就必须了解消费者的心理和消费者的行为规律。

设计心理学的研究对象，不仅仅是消费者，还包括设计师。消费者和设计师都是具有主观意识和自主思维的个体，并且都以不同的心理过程影响和决定着设计。就拿工业设计来说，产品的形态、使用方式和文化内涵只有符合消费者的要求，才可获得消费者的认同和良好的市场效应；而设计师在知识背景的影响下，在不同的条件下也会产生不同的创意，使设计结果大相径庭。

我们要从心理学的研究角度对设计给予分析和指导，以避免设计走入误区和陷入困境，设计心理学的另一个内容是设计师心理学，主要从心理学的角度研究如何发展设计师的技能和创造潜能。这里由于篇幅限制，就不细述了。

7.1.2 工业设计层面

工业设计是处理人与产品、社会、环境的关系的系统，它的出发点是消费者的需求，目标则是消费者需求的满足。工业设计是以消费者为中心的满足消费者全方位需求的设计活动。过去工业设计只满足消费者的功能性需求，重点放在了产品的使用价值上，即怎样处理物与物的关系。

7.1.2.1 观念设计

工业设计树立的观念实际上是对设计的设计，没有系统的工业设计概念，就意味着没有正确的目标，是一种无效的设计活动。观念设计是消费观念的设计，它倡导消费者采用崭新的生活方式，引导人们的生活，提高人们的生活质量。

7.1.2.2 综合创造

工业设计是一种整合创造，它研究产品功能和美学的结合统一，在完善产品使用价值的同时，解决产品的艺术观赏价值，是对产品技术设计的优化、发展和完善，以满足消费者日益增长的全面需求。但是工业设计不是技术与艺术的简单相加，而是通过一定的思维和手段把技术和艺术糅合在一起。

7.1.2.3 包容性

工业设计不仅包括造型、色彩、表面肌理、包装、商标等本身的设计，而且还包括产品在推向市场过程中的广告、橱窗、营业场所的内外装修、展示设计等营销设计活动和视觉传达设计活动。工业设计还要注意与外环境的协调，既关注产品的造型效果，又注重产品与环境的关系，由产品自身扩大到整个室内空间，使消费者拥有和谐的使用环境。

7.1.2.4 整合企划

工业设计是一种整合企划的活动，需要周密策划与谨慎实施。从产品的构思到生产，从使用到销毁的全过程都要受控于设计，缺任一环节都可能导致设计的失败。工业设计是以信息为基础的,即采集包括消费者、企业、社会在内的满意度的数据,制订新产品定位的数学模式。

7.1.2.5 文化活动

工业设计是文化活动,设计是文化,是人类理解自然后产生的意识;是人类认识自身后,应用材料、技术表达自己理想的行为。设计是人类科学文化水平的集中反映,它综合了人类科学、艺术的成果,是一种高层次的精神活动。

工业设计的文化活动集中表现在对消费者生活方式的理解上,把握消费者生活方式的变革,并倡导一种新的生活方式。所以说,设计的最高境界就是生活方式的设计。

7.1.3 设计心理学的研究方法

7.1.3.1 观察法

观察法是心理学的基本方法之一,是在自然条件下有目的、有计划地直接观察研究对象的言行表现,从而分析其心理活动和行为规律的方法。观察法的核心是按观察目的确定观察的对象、方式和时机。观察记录的内容包括观察的目的、对象、时间、被观察对象的言行、表情、动作等的质量、数量等;另外还有观察者对观察结果的综合评价。观察法的优点是自然、真实、可靠、简便易行、花费低廉;缺点是被动,并且事件发生时只能观察到怎样从事活动却不能得到从事活动的原因。

7.1.3.2 访谈法

访谈法是通过访谈者与受访者之间的交谈,了解受访者的动机、态度、个性和价值观的一种方法,分为结构式访谈和无结构式访谈。

7.1.3.3 问卷法

事先拟订出所要了解的问题,列出问卷,交由消费者回答,通过对答案的分析和统计研究,得出相应结论的方法。有开放式问卷、封闭式问卷、混合式问卷。问卷法的优点是短时间内能收集大量资料,缺点是受文化水平和认真程度的限制。

7.1.3.4 实验法

有目的地在严格控制的环境中,或创设一定的条件环境,诱发被试者产生某种心理现象,从而进行研究的方法。

7.1.3.5 案例研究法

通常以某个行为的抽样为基础,分析研究一个人或一个群体在一定时间内的许多特点。

另外还有抽样调查法、投射法、心理描述法等,在这里就不一一详述了。有兴趣的读者可以参看专业心理学书籍。

7.2 消费心理学

消费者心理学主要研究购买和使用商品过程中影响消费者决策的,可以由设计来调整的因素;对设计师而言,就是如何获取及运用有效的设计参数。

7.2.1 消费者

消费者指任何接受或可能接受产品或服务的人,是相对于提供产品或服务的生产者而言的。没有消费者,生产者也难于存在。

7.2.2 消费者类型

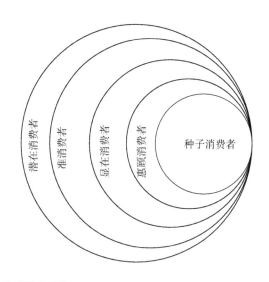

图7-1 消费者分类

(1) 种子消费者

种子消费者是一种能为企业带来消费者的消费者,他们除自己消费外,还为企业带来新消费的特殊消费者,它是由常客进化而来的。种子消费者的数量决定了企业的兴旺程度,也决定着企业的前景。

种子消费者有四个基本特征:忠诚性、排他性、重复性和传播性。

(2) 惠顾消费者

惠顾消费者就是常客,他们经常购买该企业的产品和服务。惠顾消费者是企业的基本消费队伍,是一种市场开发投入最少的消费者。有研究得出,留住一个常客的费用约是开发一个新消费者的1/7。培养自己的常客,形成一个庞大的常客阵容是企业生存发展的根本。

惠顾消费者产生的原因有:品牌忠诚、产品情结、服务到位。

(3) 显在消费者

显在消费者是直接消费企业产品或服务的消费者。只要曾经消费过该企业的产品,就是该企业的一个消费者。一个不满意的显在消费者，会直接或间接地影响至少40个潜在消费者。设计的最高原则，就是尽量把消费者满意的产品卖给消费者，而避免让消费者买走不满意的产品。

(4) 准消费者

准消费者是对企业的产品或服务已产生了注意、记忆、思维和想象，并形成了局部购买欲，但还未产生购买行动的顾客。该企业的产品或服务已进入他们的购买选择区，成为其可行性消费方案中的一部分。但由于种种原因，他们一直还未购买该企业的产品。

(5) 潜在消费者

潜在消费者是消费者的买点与企业的卖点完全对位或部分对位，但尚未购买该企业产品或服务的消费者。这类消费者数量庞大，分布面广，由于种种原因，他们当前并不购买该企业的产品，但如果企业针对他们进行营销设计，那他们便可能成为企业的现实消费者。潜在消费者是企业的市场资源，也是企业的发展空间（图7-1）。

7.2.3 消费者行为规律

7.2.3.1 消费者行为

消费者行为是研究人们对产品、服务以及对这些产品和服务进行营销活动的反应。其表现为：

(1) 情感反应——指当人们读到、听到、想到、使用或处理某一产品时，所产生的感触和感情。

(2) 认知反应——指对产品和服务的信念、看法、态度和购买意图。

(3) 行为反应——包括购买决定以及与消费相关的各种活动，包括获得、使用、处理产品和服务在内的各种行为。

前面两种反应在性质上有的可以量化表示，有的不能量化表示，并且这些反应的对象范围可能非常具体，比如针对某一特定的品牌；也可能非常广泛，比如针对某一系列产品。

7.2.3.2 影响反应的因素

(1) 个人变量——人在不断地变化，环境也在不断地变化。人有各种不同表现，如智力、个性、兴趣、爱好、见解和偏好等，而个人变量指的就是这些内在于具体个人的、变化着的各个方面。

(2) 环境变量——指的是外在于人的环境方面的变化因素，它提供人类行为发生的背景。

(3) 人与环境的相互作用——包含消费者和环境的动态关系。这就需要把人和环境结合起来，从二者动态平衡的角度，根据具体情况，采用具体的策略和方法，追求最大的营销效果。

7.2.3.3 消费者心理

(1) 概念

消费者心理指的是消费者的心理现象，它包括消费者的一般心理活动过程，也涉及消费者作为个别人的心理特征的差异性，即个性。

消费者心理研究消费者如何解读设计信息；消费者识物的基本规律和一般程序；不同国家、地域、年龄层次人的心理特征；不同特征人群对色彩和形态的偏好；结合不同国家或民族心理的特征综合分析各个国家的设计特色；如何采集相关信息并进行设计分析；以及消费者在购买决策过程中，由设计决定的各种因素。

(2) 消费者心理现象的共同性

共同性表现为对产品的感知、注意、记忆、思维和想象；对产品的好恶态度以及从而引发的肯定或否定的情感；最终反映在产品的购买决策和购买行为上。这些都是消费者具有共性的消费心理。

(3) 消费者心理现象的差异性

差异性表现在由于消费者对商品的兴趣、需要、动机、态度和价值观的不同，所产生的不同的购买行为。例如对古玩爱好者来说，买古董是一种需要，就算价格再贵，就算经济条件不宽裕，也会节衣缩食地买来，这种购买行为是其他消费者所不能理解的。

(4) 处理好使用者与购买者的关系

购买者满意，并不代表使用者满意；使用者不满意，就不能形成回头客（惠顾消费者）。把握消费心理要研究消费者的动机、需求、行为改变和如何根据消费者的特点来进行设计等。

7.2.3.4 消费者的注意和理解

为什么有些产品包装在商店的货架上看起来那么显眼，为什么有些电视广告能够一下子抓住消费者的注意力，为什么有些报纸杂志的印刷广告能够让消费者眼前一亮？这实际上就是设计师如何使自己的设计获得消费者真正的关注，使他们能加深理解，引起更大的注意。

(1) 从直接经验获取产品知识——产品试用

产品试用包括试用或者实际使用某一产品。通过产品试用，消费者可以直接体验某一新产品或服务，获得第一手经验，从而就产品的特点和性能获取大量有用的信息。比如，饮料的口味、新车的驾驶平稳和操作灵敏等。又如，商店里的试用品，即食品、饮料、香水、化妆品等；耐用消费品展示，即汽车、软件、CD唱片、计算机等；邮递的试用品,即包装食品、洗涤用品、个人用品等;服务试用及展示,即免费干洗、家政服务等。

(2) 从间接经验获取产品知识

大众传媒能够非常快捷、有效地使企业同广大的潜在消费者发生联系。媒体广告所提供的间接信息通常会使消费者尝试使用有关产品,如果没有广告,他们就不会去尝试。另外,销售代理、电话推销、包装标签、购物赠券、宣传手册以及购物现场的商品展示,同样可以向消费者提供产品或服务的间接信息。例如,企业或公司提供的信息;报纸、广播、电视广告以及商品宣传手册;包装标签及产品说明;公司代理(销售人员、推销人员、服务代理);购物现场展示、互联网站;其他渠道获得的信息:朋友和亲戚、消费者出版物、商业组织。

(3) 消费者的注意

消费者对于市场提供的营销信息,他们仅对遇到的很少一部分信息注意。根据哈佛大学心理学家乔治·米勒(George Miller)的理论,人们可以同时注意7个(正负2个)单位的信息。这就是注意力的限制。此外,注意的强度指人们能够注意的信息数量可在5~9个之间变化。

影响注意强度的因素有知识和经验,唤起(警觉的状态)在正常情况下,人们一天中所经历的状态都是中等状态,也就是处于典型的、基本的警觉水平。当唤起状态或高或低的时候,注意强度都是低的。

(4) 注意的选择

注意分为自愿注意和非自愿注意。

自愿注意是指与现行计划、意图和目标有关的信息,人们是自愿注意的。非自愿注意是指显著刺激可以非自愿地吸引注意力,因为独一无二或与众不同的刺激有成像性(聚焦性),而所有其他的刺激都弱化成背景——这称为"感知图形与背景原理"。有很多刺激可以使显著刺激不同于背景刺激,如新颖性等。形象生动性刺激与显著刺激不同,形象生动性刺激吸引注意是不分环境的。显著性是背景因变量,即在一个给定的环境中,如果出现其他刺激,显著性刺激效果有所不同;而形象生动性刺激是背景自变量,即在一个给定环境中,不管其他刺激出不出现,形象生动刺激表现不变。形象生动性刺激与个人兴趣、具体性、接近性等有关。

1) 个人兴趣——能激发一个人兴趣的刺激时,另一个人却不一定感兴趣;

2) 具体性——具体有形的信息容易让人在脑海中形成图画,容易使人想象和思考;

3) 接近性——接近或贴近消费者的信息,与远离消费者或与消费者不是息息相关的信息相比,更具形象生动性,对消费者的影响更大。

接近性分为三种类型:感觉接近性、时间接近性、空间接近性。

1) 感觉接近性——直接的(接近的)或间接的(远离的)信息,是人们用自己的眼睛和耳朵直接得到的信息,这比通过他人传递而间接得到的信息更具形象生动性。自己亲眼看见的东西永远比道听途说得到的第二手资料更具说服力。

2) 时间接近性是指事件发生时候的早晚。最近发生的事件要比ища久以前发生的事件更具形象生动性,也更具吸引力。我们更关心刚刚面世的新产品,而不是过时的旧款产品。

3) 空间接近性是指事件发生位置的远近。在我们附近发生的事件,比国外发生的事件更具生动性。但是当消费者的注意系统并未达到一定的负荷状态时,当消费者对目标产品有强烈的先见之明时,当消费者面对大量的负面信息时,形象生动化的信息对我们的判断和选择就不会有太大的影响。

(5) 消费者的理解

有效的经营沟通不仅能吸引消费者的注意,而且能以消费者理解的方式传递信息,消费者能够从传递的信息中概括抽象出其中的意思。

消费者的理解包括将沟通过程中传递的信息和基于先前经验的信息,以及储存在记忆中的信息进行联系与比照。理解,具体地讲就是将信息概括抽象以探明其中的意思,弥补信息传递过程中的缺陷,形成自圆其说的推断,使不完整的信息变成完整的信息。理解总包含相信,如果不相信某一信息是真的,消费者就不可能理解这一信息。此外,重复容易使人相信不真实的信息,因为重复使信息(真的或假的)更容易让人记住,也容易更让人相信。实际上就是一种误导,也就是让人误解。

7.2.3.5 消费者的记忆

消费者在对产品或服务信息加以注意并理解之后会发生什么呢?在得知某一信息之后,仅仅接受信息是不够的,消费者还必须对接受的信息进行思考。最后的决定很可能要在接受信息几小时、几天、几星期、甚至几个月之后才能做出。因此,信息必须在较长的一段时间内被保持、储存或者记忆。信息获取与信息使用之间,这段时间鸿沟必须被某种类型的记忆系统连接起来(图7-2,表7-1)。

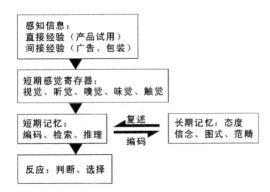

图7-2 消费者信息处理系统

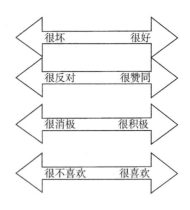

图7-4 态度——评价性判断在连续体上的任一点

7.2.4 设计与消费者心理学

设计与消费者心理学研究的主要目的是让设计者与消费者之间进行沟通，使设计师了解消费者的心理规律，从而使设计、生产、销售最大限度地与消费者需求相匹配，满足各层次消费者的需求，达到适销对路的市场效益。

7.2.4.1 消费者的需求

（1）物质性、自然性的需求：包括生理、安全、健康的需要；

（2）社会性、精神性的需求：包括社交、美化、发展的需要。

随着社会文化经济的发展，人们生活质量的逐步提高，消费者的需求次序也发生了变化：产品一旦解决了物质功能条件，审美需求，即社会性、精神性的需求，就会上升到第一位。在质量水平相等的条件下，产品的销路起决定作用的往往是审美因素。因此设计师想要使产品获得较高的经济价值，就必须把握消费者需求次序的变化规律，重视审美需求在现代消费中的重要地位。

7.2.4.2 消费者的选择

消费者选择指从一组可能被选择的品牌中选出一种产品的过程。和判断的连续性不同，选择是离散的、不连续的，即消费者购买，或者不购买产品——在买和不买之间是没有其他选择的。有的时候，选择建立在判断的基础之上，如果消费者喜欢某一产品，就很可能选择它。但有时候，选择是根据产品的特点而做出的，比如价格，品牌。

品牌考虑有的是以刺激为基础的，比如在购物时直接面对的一组品牌；有的则是以记忆为基础的，比如即使不购物时也在考虑的品牌；也可以两者兼而有之，比如购物时某种产品以实物形式呈现在消费者面前，而某些品牌是从消费者的记忆中检索出来的。品牌组里的产品是否具有吸引力取决于和其他产品相比是具有优势还是劣势。品牌之间的差别可能是整体的，是基于总体的判断选择；也可

短期记忆与长期记忆的特征　　　表7-1

	容量	持久性	信息丢失	编码
短期记忆	7+2 7-2	18s	复述失败	声音（与声音相关）
长期记忆	无限	永久	检索失败	语义（与意义相关）

7.2.3.6 消费者的判断

消费者在观看广告并对产品和服务进行评价的过程中，会有可能形成各种不同的判断。判断是指在认知连续体上对目标对象或问题进行定位，人们的判断就是在认知连续体上确定事物的位置。有些认知连续体是非评价性的，如安全、柔和或者有效等概念。非评价性的判断称为信念，经常作为更为复杂的判断基石。信念包括以下三类：

（1）描述性信念：描述性信念的基础是相关产品的直接的第一手经验，是亲眼看到和亲耳听到的。

（2）信息性信念：信息性信念的基础是间接的第二手经验，是通过人际交往从其他人或大众媒体那里得到的信息。

（3）推断性信念：推断性信念是超出给定信息（第一手和第二手信息）的信念。

有些认知连续体是评价性的，如好、差或者喜欢、不喜欢等概念；更复杂的判断包括态度（评价性的判断）和偏好（包括一种以上产品的评价性判断）（图7-3，图7-4）。

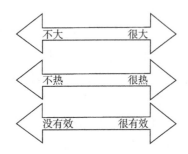

图7-3 信念——非评价性判断在连续体上的任一点

能是具体的，是基于属性的选择。当消费者对产品进行权衡但很难做出选择时，他们通常会选择折衷品牌。

7.2.4.3 提升消费者满意度

提升消费者满意度就要有适销对路的产品，即消费者满意的、附加值高的产品，能符合显在和潜在消费者需求的产品。产品适销对路的程度将影响消费者满意度和附加值实现的程度，这是一个竞争力的问题，产品必须适应市场需求的变化。让我们来看一下消费者行为的过程（图7-5）。

由此看来，产品是否适销对路的关键是把握市场和消费者，唯一的评判标准是广大消费者，是市场。符合消费者心理的产品可以为企业带来高效益，投入小、产出多。日本企业就十分重视市场调研和消费者心理研究，在这方面投入了大量的资金和人力。它们很清楚地知道，在消费者心理研究上多花1美元，便能够带来1500美元的利润。有人做过调查，日本企业由于设备、技术的投入而产生的效益只占12%，而靠设计产生的效益则占了51%。设计中的咨询费用、调研投入、软件投入等，使日本企业在

产生购买动机 ▶ 了解商品信息 ▶ 进行商品选择 ▶ 发生购买行为 ▶ 评价所购商品

图7-5 消费者行为过程

全世界都名列前茅。现在，"商品开发"越来越多地代替了"产品开发"，虽然只有一字之差，但含义却发生了变化：商品开发更注重消费者、市场，产品从过去强调技术与艺术的结合，发展到现在强调技术与需要、技术与市场的结合，开始构筑一个以消费者为中心的新的设计模式。设计师应该站在消费者的立场而不是厂商的立场去研究和设计产品；企业应该不断地完善产品服务体系，最大限度地使消费者感到安心和便利，重视消费者的意见，努力使消费者重复购买，留住老消费者。最后，以消费者为中心建立富有活力的企业组织，这样才能真正设计出符合消费者满意度的好产品来。

本章思考题

（1）人的个性心理类型及含义。
（2）列举设计心理学的几种研究方法。
（3）试述消费者有哪几种类型？
（4）思考怎样使设计获得消费者的关注？
（5）试述影响消费者行为的因素。
（6）思考设计与消费者的关系。

第8章 人体测量学

8.1 人体测量学概述

8.1.1 人体测量学概念

尺度是产品设计中最基本的人机问题，同时也是人机工程学中最早开始研究的领域。工业时代的来临形成了产品的社会化的局面，矛盾也随之产生了：一方面是成千上万规格统一的产品；另一方面是千差万别的人类尺度。为了统一这个矛盾，人们开始对人类的尺度进行研究，这些研究发展成了人体测量学。

人体测量是通过测量人体各部位的尺寸来确定个体之间和群体之间在人体尺寸上的差别，用以研究人的形态特征，从而为工业设计、人机工程、工程设计、人类学研究、医学等提供人体基础资料。

目前，世界上已有90多个大规模的人体测量数据库，其中欧美国家占了大部分，亚洲国家约有10个，而日本占了一半以上。如CAESAR（人体测量研究计划 Civilian American and European Survey of Anthropometry Research），在美国、荷兰、意大利等国得到了广泛应用；日本HQL协会（Research Institute of Human Engineering for Quality Life）提出了人体测量和增进人类福祉计划；英国3D电子商务中心（The Centre for 3D Electronic Commerce）在网上开展了三维人体数据方面的商务活动；我国台湾地区的长庚大学和台湾清华大学等院校和企业已经花了近5年时间，联合进行了非接触式人体测量技术和台湾人体数据库的研究，取得了一定的成果。

8.1.2 人体测量学中常用的概念

（1）正态分布。考察一个群体，可以发现人群的尺度是具有一定分布规律的，考察的群体越大，这个规律就越明显。人体尺度，符合正态分布规律。以中国男性身高的抽样分析数据为例，身高在170cm左右的人数最多。身高离这个数据越远的人数越少，形成一个中间大两头小的"钟"形曲线，这种分布规律叫做"正态分布"或"高斯分布"。

（2）平均值、中值和众数。平均值表示全部被测数值的算术平均值。中值表示全部受测人数有一半的身高在这个数值以下，另一半在这个数值以上。众数则表示测得人数最多的那个身高尺寸。

（3）适应域。按某一尺寸设计的产品不可能适应所有的使用者，但应能适合大多数人。这个大多数到底是多少，要根据具体情况决定。一般说来，产品的尺寸最好能适合95%以上的人使用，最少不能低于90%。这个95%或90%即适应域。

（4）百分位。百分位是人体测量手册中常见的概念，它表示了某一测量数值和被测群体之间的百分比关系。分位由百分比表示，称为"第几百分位"。例如，50%称为第50百分位。百分位数是百分位对应的数值。例如，身高分布的第5百分位数为154.3cm，则表示有5%的人的身高将低于这个高度。

（5）标准差。平均值仅表示了被测数值集中于哪一点，标准差则反映了数值的集中和离散程度。在人体测量中，不仅要测得平均值，还要通过一定的数值处理得到标准差的数值。

8.1.3 人体静态和动态尺寸

人体尺寸是人机系统或产品设计的基本资料。通过人体测量可获取人体的静态尺寸和人体动态尺寸。人体的静态尺寸是结构尺寸，而人体的动态尺寸是功能尺寸，后者包括操作者在工作姿势或某种操作活动状态下测量的尺寸。人体测量学通过测量人体各部位尺寸确定个体之间和群体之间在人体尺寸上的差别，用来研究人的形态，为工业产品造型设计和人机环境系统工程设计提供人体测量数据。

静止的人体可采取不同的姿势，统称为静态姿势。主要可分为立姿、坐姿、跪姿和卧姿四种基本形态，每种基本姿势又可细分为各种姿势。如立姿可分为跷足立、正立、前俯、躬腰、半蹲前俯等五种；坐姿包括后靠、高身坐姿（座面高60cm）、低身坐姿（座面高20cm）、作业坐姿、休息坐姿和斜躺坐姿6种；跪姿可分为9种，卧姿分为3种，总共24种。

静态，是指被测者静止地站着或坐着进行的一种测量方式。静态测量的人体尺寸用以设计工作区间的大小。目前，我国国家标准中规定的成年人静态测量项目立姿有40项，坐姿有20项。

动态人体尺寸是以人的生活行动和作业空间为测量依据，它包括人的自我活动空间和人机系统的组合空间。动态人体尺寸分为四肢活动尺寸和身体移动尺寸两类：四肢活动尺寸是指人体在原姿势下只活动上肢或下肢，而身躯位置并没有变化，其中又可分为手的动作和脚的动作两种；身体移动包括姿势改换、行走和作业等。

动态人体尺寸测量是指被测者处于动作状态下所进行的人体尺寸测量。动态人体尺寸测量的重点是人在执行某种动作时的身体特征。动态人体尺寸测量的特点，是在任何一种身体活动中，身体各部位的动作并不是独立无关而是协调一致的，是具有连贯性和活动性的。例如手臂可及的极限并非唯一由手臂长度决定，它还受到肩部运动、躯干的扭转、背部的屈曲以及操作本身特性的影响。

人的作业状态一般有静态和动态两种形式，所以人体测量也分为静态和动态两种。从实用角度来看，人体测量内容一般有以下三类：

(1) 形态的测量。它可以得到人体的基本尺度、体型和其他数据，主要有人体长度测定（包括廓径）；人体体型测定；人体体积和重量的测定；人体表面积测定。

(2) 生理的测定。主要内容有人体出力测定、人体触觉反应测定、任意疲劳测定等。

(3) 运动的测定。主要内容有动作范围测定、动作过程测定、体型变化测定、皮肤变化测定等。

8.1.4 人体测量数据的获取方法

8.1.4.1 人体静态参数测量

人体静态参数测量内容应根据实际需要确定。如确定座椅尺寸，则需测定坐姿小腿加足高、坐深、臀宽，并测定人体两种坐姿—— 端坐（最大限度的挺直）与松坐（背部肌肉放松）的尺寸，以便确定靠背的倾斜度。常用测量项目有：

(1) 身高：从头顶点至地面的垂距；
(2) 眼高：从眼内角点至地面的垂距；
(3) 肩高：从肩峰点至地面的垂距；
(4) 坐高：从头顶点至椅面的垂距；
(5) 坐姿颈椎点高：从颈椎点至椅面的垂距；
(6) 肩宽：左、右肩峰点之间的直线距离；
(7) 两肘间宽：上臂下垂，前臂水平前伸，手掌朝向内侧时，左、右肘部向外最突出部位间的横向水平直线距离；
(8) 肘高：上肢自然下垂，前臂水平前伸，手掌朝向内侧时，从肘部的最下点至地面的垂距；
(9) 上肢长：上肢自然下垂时，从肩峰点至中指指尖点的直线距离；
(10) 上肢最大前伸长：上肢向前方最大限度地水平伸展时，从背部后缘至中指指尖点的水平直线距离；
(11) 坐深（臀突腘窝距）：从臀部后缘至腘窝的水平直线距离；
(12) 臀膝距（膝背距）：从臀部后缘至髌骨前缘的水平直线距离；
(13) 大腿长：从髂骨前上棘点至胫骨点的直线距离；
(14) 小腿长：从胫骨点至内踝点的直线距离；
(15) 胸围：镜乳头点的胸部水平围长；
(16) 体重：裸体或穿着已知重量的工作衣称量得到的身体重量。

测量应取基本姿势立姿或坐姿，在呼气与吸气的中间进行。其次序为从头向下到脚；从身体的前面，经过侧面，再到后面。测量是只许轻触测点，不可紧压皮肤，以免影响测量值的正确性。体部某些长度的测量，既可用直接测量法，也可用间接测量法——两种尺寸相减。但测量时必须注意，涉及各个测量点之间的相对位置，在测量中不得移动。

8.1.4.2 人体动态参数测量

静态参数测量可以解决产品造型设计中有关人体尺寸的问题，但人们在操纵设备或从事某种作业时，并不是静止不动的，大部分时间是处于活动状态。因此，人们以不同的姿势工作时，手、脚所能活动的范围以及人体出力情况等方面对于机器与环境的协调设计也非常重要。动态测量的主要内容包括动作范围和人体出力等。这里主要介绍人体动作范围的测量内容。

8.1.4.3 人体测量技术

在人体工程中，为了设计适合人体的环境、道具、机械等，人体形状是首先要考虑的因素。前述的人体计测是以人体的点、线计测为核心，对人体形状的计测要求进行三维立体测量。其主要测定方法为：

(1) 滑动测量

使用滑动测量法可测出人体的任一水平断面和垂直断面。在一垂直平板上密布有很多根同直径、同长短、能自由抽动的很细的短棒。测定时将短棒前端依次触到人体皮肤表面，短棒前端形成的曲线或曲面即为人体在某一垂直面上的体形。滑动测量装置四周框架除了安装测量件外还起到固定被测人员、使其在测量过程中保持不动的作用。

(2) 照相计测

结合计算机技术的立体照相计测不仅可获取人体形状，在医学诊断上如人体的脊柱检测也使用了照相计测技术。我国的有关科研部门也在开展这方面的应用研究。

(3) 激光计测

将人体立于圆桶形膜盒中，用激光从周围对人体全身进行计测，对获得的人体表面各点的三维数据，使用三维数据拟合后可得到人体的形状。

从技术发展来看，人体测量技术可以分为普通测量技术和三维数字化人体测量技术。

普通人体测量仪器可以采用一般的人体生理测量的有关仪器，包括人体测高仪、直角规、弯角规、三脚平行规、软尺、测齿规、立方定颅器、平行定点仪等，其数据处理采用人工处理或者人工输入与计算机处理相结合的方式。此种测量方式耗时耗力，数据处理容易出错，数据应用不灵活，但成本低廉，具有一定的适用性。

目前世界上较先进的是非接触式三维数字化人体测量技术。

运用真实人体数据的技术，即非接触式测量技术，较为典型的是英国的LASS（Loughborough Anthropometric Shadow Scanner）技术和美国TC2开发的白光相位测量技术（Phase Measurement Profilometry）。随着计算机技术和三维空间扫描仪（3D Scanner）技术的发展，Vitronic（德国）、Cyberware（美国）、Telmat（法国）等公司纷纷出现，高解析度的3D资料足以描述准确的人体模型。下面重点介绍几种：

（1）VITUS-3D人体扫描仪

VITUS全身3D 人体扫描仪是德国Vitronic公司的产品，Vitronic由于Vitus smart而获得了2002年欧洲IST（Information Society Technologies）奖。Vitus smart是Vitronic公司的最新一代产品，由于体积小，可以将它放在更衣室中。Vitus smart能够提供足够的人体尺寸，以便进行量身定做和大规模定制，实现电子商务。

同VITUS其他产品一样，VITUS smart使用光线条纹扫描方法，8个三角形的探头能够在10秒内扫描1m x 1m和2.1m高的区域，而分辨率可以达到0.5mm，如图8-1所示。

VITUS除了全身3D 扫描仪之外，还有3D脚部扫描仪（PEDUS）、3D头部扫描仪（VITUS ahead）。目前这些仪器已经在大规模人体测量、汽车驾驶研究等方面得到了应用。

（2）Cyberware全身3D扫描仪

较VITUS而言，Cyberware数字化扫描仪种类更齐全，系统更复杂，价格更昂贵。它最初是由斯坦福大学Marc Levoy研制的。Cyberware 数字化仪由平台（载体）、传感器（光学系统）、计算机工作站、Cyberware标准接口（SCSI）及CYSURF处理软件构成。平台一般有3个自由度（X、Y、Z），伺服电机驱动，典型的分辨率为0.5mm。

Cyberware全身彩色3D扫描仪主要由DigiSize软件系

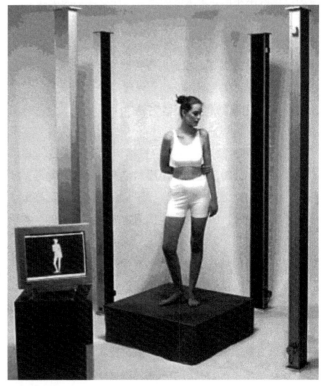

图8-1 VITUS smart-3D 全身人体扫描仪

统（Models WB4和Model WBX）构成，它能够测量、排列、分析、存储、管理扫描数据。扫描时间只需几秒到十几秒，整个扫描参数的设置及扫描过程全部由软件控制。可以输出为3D Studio & 3D Studio MAX、ASCII、Digital Arts、DXF、DXF（3D FACES）、IGES 106 124 126 128、Inventor、OBJ、PLY、SCR（AutoCAD mesh）、SCR（AutoCAD slice）、STL以及VRML等格式（图8-2）。

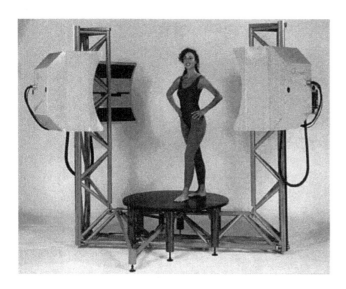

图8-2 Cyberware全身数字化扫描仪

Cyberware 3D 扫描仪和软件已经在产品设计、CAD/CAM、研究、动画、电影、重建、化妆品调查、医疗器械设计、人体测量、人机工程、雕塑等方面得到了应用。

非接触式三维数字化扫描仪扫描系统是近几年发展起来的，用各种光学技术检测被测物体表面点的位置获取三维信息的输入。

三维数字化测量仪必须配以软件才能完成测量及实体生成。三维数字化测量仪软件应具有以下功能：

1）在操作方面，提供简单的人机交互界面、自动三维数字化测量和尺寸选择；

2）自动对准和装配并到最后的多边形模型；

3）线框模型可以渲染成三维实体；

4）模型进行比例变化、位置变化、光顺、剪切和粘贴等操作；

5）在管理方面，提供数据压缩打包、归类和概要编排；

6）提供用户输入或者二次开发接口。

目前，Cyberware软件包包括了多种软件，如CySurt Surfacing Software（将采集的图像生成NURBS曲面）；Decimate Polygon Reduction Software（删除非基本顶点，将多边形网格减少98%，所有Cyberware数字化测量仪都配有该软件），Echo Digitizing Software及CyScan NT（分别是SGI工作站和基于Windows NT PC机上用于控制扫描平台运动和确定三维范围及数据处理的软件）。

（3）Inspeck 3D FULLBODY 全身三维扫描系统

Inspeck三维扫描仪是以普通光源进行工作的三维扫描仪，与激光的三维扫描仪相比，具有极高的捕捉速度、测量纹理的能力、高性价比、使用范围广、环境要求低、便携、无人身伤害等诸多优点，特别是它具有极为强大的软件功能，因此在三维造模领域有极为广泛的应用（图8-3）。

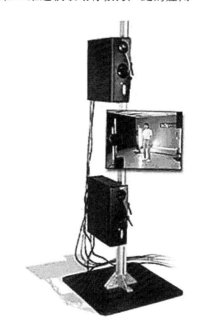

图8-3 Inspeck全身扫描仪

Inspeck扫描仪的主要功能包括：与生产、研究、设计、开发相关的光学三维数字转换器及软件技术。在计算机辅助设计特别是模型制造、动画多媒体制造、游戏、三维电子文档、三维互联网、虚拟现实、生物医学成像等方面有着广泛的应用。

Full Body专门用来捕捉人体形状，可以用于医学研究，这种扫描仪使用高精度的光学镜头进行全身扫描。3D Full Body可以在少于2秒的时间内抓取50万像素以上的材质。另外它使用的也是水银灯，对人体不会造成伤害。3D Full Body还使用了两个3D Capturor镜头，同样可以将毛发数字模型化。

8.1.5 人体测量数据的应用

人体测量对人类的发展具有重要的研究和应用价值，主要体现在以下方面：

（1）体质变异研究：对不同种族、不同人群进行人体测量和分析比较，可以找出他们之间的共同点与差异，找出人类体质特征变异的规律。

（2）生长发育研究：对不同年龄群体或个体进行人体测量，绘出生长曲线和生长速率曲线，可以找出人体生长发育的规律。

（3）为建立适应我国国民体型的原型提供依据。我国目前尚无适合本国国民体格的原型，而世界发达国家如英、法、美、日等都早已形成较成熟的原型技术，并根据风格的不同形成各种流派，在服装设计和生产中起着重要作用。要建立适合的原型，最根本的途径就是首先建立人体体型尺寸的检测系统，在不同区域进行大量的人体测量，为我国原型的建立提供数据依据。

（4）在工业、国防、医学、法医、教育、体育、建筑、美术等领域有广泛的应用：人体测量数据可以应用于机器、家具、武器、车辆和飞机座舱、船舶、房屋、课桌等的设计，并形成了一门应用学科——人类功效学或人体工程学。为标准服装人台设计和服装规格标准的制订提供依据，应用于服装立体裁剪、商品检查或服装展示等。

（5）虚拟环境。应用于因特网网上购物、电子商务、产品广告、人机工程研究等。

目前，基于人体测量等技术而建立起来的人体数据咨询、仿真设计软件也较多。如英国Open Ergonomics公司开发的PeopleSize 2000人体数据咨询系统，包括英国儿童（从出生起）、成年人的尺寸以及其他一些国家人的尺寸，其中包括部分中国人人体尺寸（18～45岁，这些尺寸是由新加坡南洋理工大学的李林教授提供的）。这些数据是在1994～1995年间测量了13678～16443个样本得到的，基本覆盖了英国的各个阶层，包括人体全身尺寸、人体头部尺寸、手部尺寸、足部尺寸等。利用这个人体测量数据库，他们还进行了一些人体姿势分析、座椅等的设计，为民航、铁路、汽车、国防、劳动安全等服务，如图8-4所示。

Delima公司（国际上较早的数字化企业）已经将3D虚拟人体融入从过程计划、成本预算、质量控制、人机分析到数字化制造中；另外，基于开放的C商业平台（open c-commerce platform，简称OCP），EDS Unigraphics公司提出了e-Factory概念，也将虚拟人作为咨询、仿真、评价的一个重要因素。Transom公司开发的Transom JACK人机工程软件，包括人体数据录入接口、人体数据咨询系统、人机工程仿真系统、人机工程评价系统等（图8-5）。其中虚拟人体建立在生物力学、运动学、人体测量学、认知心理学等学科基础上，可以代替真实人体实现行走、搬运、举升、关节运动、视觉范围、调节姿势等活动，评价安全姿势、举升与能量消耗、疲劳与体能恢复、静态受力、人体关节移动范围等人机工程性能指标。由于JACK具有的优势，已经在航空、车辆、船舶、工厂规划、维修、产品设计等领域广泛应用。

在具体产品设计上，人体数据可以应用于：

（1）可容空间设计。设计对象为车厢、通道、活动范围时，是可容空间，此时应以大个子作为设计标准，选取较高的百分位，一般来讲，适应域越宽的设计，技术成本

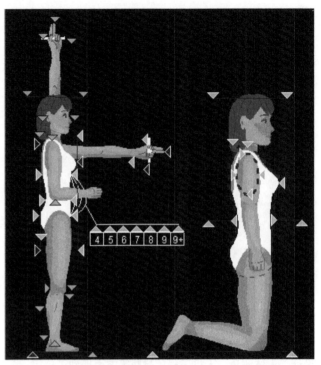

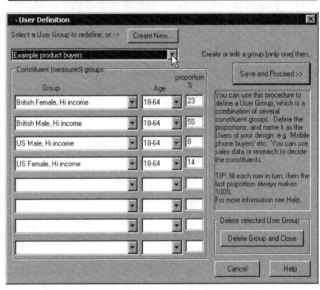

图8-4 PeopleSize 2000人体数据咨询系统

方面的要求也越高，设计师应平衡各方面的因素，尽可能保证较多人们的使用要求。

（2）可及范围设计。对于那些伸出四肢方可能及的设计对象，如公共汽车内的扶手、控制台上的操作等，要考虑小个子的人够得着，设计时要选取较小的百分位。

（3）两方面均有要求的设计对象。许多设计对象对最大和最小尺寸均有要求，如汽车内室的设计，既要满足身材高大的人可以舒适地乘坐，又要保证身材矮小的人也能自如地操纵和观察。在设计中要同时照顾到这两方面的要求，可能的话将部件设计成可调的。以较小的百分位和较大的百分位作为调节范围的两极尺寸。

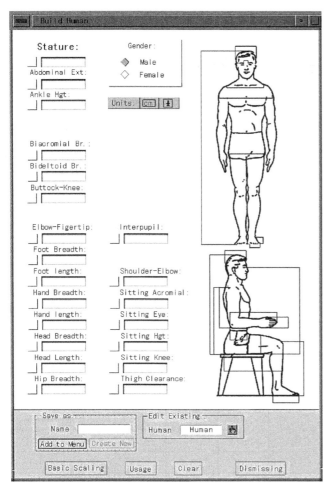
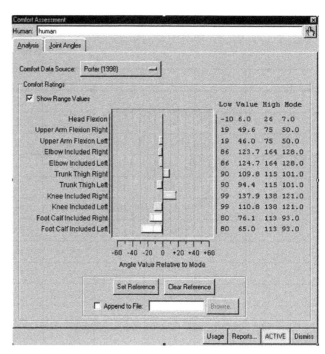

图8-5 JACK中的人体数据咨询及评价系统图示

8.2 常用人体测量数据与运用

8.2.1 人体尺度数据（图8-6）

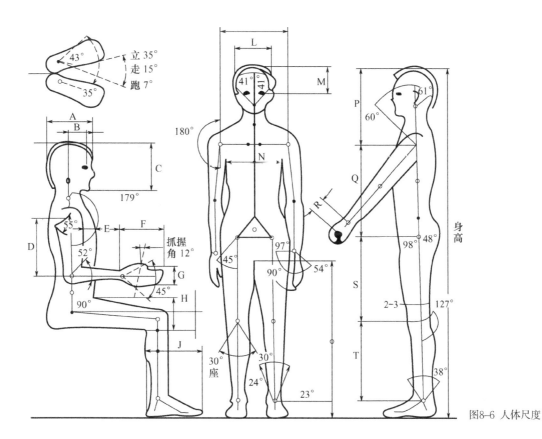

图8-6 人体尺度

不同身高的人体各部分尺度见表8-1～表8-3。

人体各部分尺度1（cm） 表8-1

身高		109.2	111.8	114.3	116.8	119.4	121.9	124.5	127.0	129.5	132.1	134.6
A		61.7	62.7	64.0	65.0	66.0	67.1	68.1	69.1	70.1	71.4	72.4
B		35.6	36.1	36.6	36.8	37.1	37.3	38.1	38.6	39.1	39.6	40.1
C		24.4	25.1	25.9	26.4	27.2	27.7	28.4	29.0	29.7	30.2	31.0
D		51.8	52.8	54.1	55.1	55.9	56.9	57.9	58.9	59.9	61.2	62.2
E		24.1	24.9	25.9	26.7	27.4	28.2	29.0	29.7	30.5	31.5	32.3
F		16.5	16.5	16.8	16.8	16.8	16.8	16.8	16.8	17.0	17.0	17.0
G		27.2	27.9	28.7	29.5	30.2	31.2	32.0	32.8	33.5	34.3	35.3
H		36.6	37.6	38.4	39.4	40.4	41.4	42.4	43.2	44.2	45.2	46.0
I		26.7	27.4	27.9	28.7	29.2	29.7	30.5	31.2	31.8	32.5	33.0
J		31.8	32.5	33.5	34.5	35.6	36.3	37.1	38.1	39.1	39.9	40.9
K		45.0	45.7	47.2	48.3	49.3	50.3	51.3	52.3	53.1	54.4	55.4
L		25.1	25.4	25.7	26.2	26.7	27.4	28.2	29.0	29.7	30.7	31.5
M	男	19.8	20.1	20.6	20.8	21.3	21.6	22.1	22.4	22.9	23.4	23.9
	女	20.6	20.8	21.3	21.6	22.1	22.4	22.9	23.4	23.9	24.1	24.6
N		118.4	121.7	125.0	128.0	131.1	134.1	137.2	140.2	143.0	146.1	148.8
O		99.3	101.9	104.4	106.9	109.2	111.8	114.3	116.8	119.4	121.9	124.5
P		40.6	41.4	42.4	43.2	44.2	45.0	46.2	47.0	47.8	48.8	49.5
Q		86.6	88.9	90.9	93.0	95.3	97.5	99.6	101.9	104.1	106.4	108.7
R		66.3	68.1	69.3	71.1	72.6	74.2	75.9	77.7	79.2	81.0	82.6
S		64.8	65.5	67.1	68.6	70.1	71.6	73.2	74.7	76.5	77.7	79.2
T		57.2	58.4	59.7	61.0	62.2	63.5	65.0	66.5	68.1	69.3	70.6

人体各部分尺度2（cm） 表8-2

身高		137.2	139.7	142.2	144.8	147.3	149.9	152.4	154.9	157.5	160.0	162.6
A		73.2	74.4	75.4	76.5	77.5	78.7	79.8	80.8	81.8	83.1	84.3
B		40.1	40.6	40.9	41.4	41.9	42.7	43.4	43.7	44.2	45.0	45.7
C		31.5	32.3	33.0	33.5	34.3	35.1	35.6	36.1	36.8	37.3	38.1
D		63.0	64.3	65.3	66.3	67.3	68.6	69.6	70.6	71.6	72.9	74.2
E		33.0	34.0	34.8	35.6	36.6	37.3	38.1	39.1	39.9	40.6	41.4
F		17.3	17.5	17.8	18.0	18.3	18.8	19.1	19.3	19.8	20.3	20.6
G		36.1	36.8	37.6	38.6	39.4	40.1	40.9	41.7	42.4	43.2	43.9
H		47.0	48.0	48.8	49.8	50.5	51.6	52.3	53.3	54.1	54.9	55.9
I		33.5	34.0	34.5	35.3	36.1	36.6	37.3	37.8	38.6	39.1	39.9
J		41.9	42.7	43.7	44.7	45.5	46.5	47.0	48.0	48.8	49.8	50.8
K		56.4	57.7	58.9	60.2	64.5	62.5	63.5	64.8	66.0	67.1	68.3
L		32.5	33.3	34.0	35.1	36.1	36.8	37.6	38.6	39.6	40.1	40.1
M	男	24.4	24.9	25.4	25.9	26.4	26.9	27.4	28.2	28.7	29.2	30.0
	女	25.1	25.9	26.9	27.7	28.4	29.5	30.5	31.8	33.0	34.3	35.8
N		151.6	154.4	157.5	160.3	163.3	166.4	169.4	172.5	175.5	178.6	181.4

续表

身高	137.2	139.7	142.2	144.8	147.3	149.9	152.4	154.9	157.5	160.0	162.6
O	127.0	129.5	132.1	134.6	137.2	139.7	142.2	144.8	147.3	149.9	152.4
P	50.5	51.8	52.6	53.3	54.6	55.4	56.4	57.2	58.2	59.2	59.9
Q	111.0	113.0	115.3	117.6	119.9	121.9	124.0	126.2	128.5	130.6	132.8
R	84.6	86.4	88.1	89.9	91.7	93.5	95.5	97.3	99.1	101.1	102.9
S	81.3	82.8	84.6	86.4	88.1	89.9	91.7	93.5	95.5	97.3	98.8
T	72.4	73.9	75.4	77.0	78.7	80.0	81.3	83.1	85.1	86.3	88.1

人体各部分尺度3（cm）　　表8-3

身高		165.1	167.6	170.2	172.7	175.3	177.8	180.3	182.9	185.4	188.0	190.5
A		85.9	87.1	88.4	89.7	91.2	92.2	93.5	95.0	96.0	97.3	98.6
B		46.5	47.0	47.8	48.3	49.0	49.3	49.8	50.5	51.6	52.1	52.6
C		38.6	39.1	39.9	40.6	41.4	41.9	42.7	43.2	43.9	44.5	45.2
D		75.4	76.7	77.6	78.7	80.0	81.0	82.0	83.3	84.3	85.3	86.4
E		42.4	43.2	43.9	45.0	45.7	46.2	47.0	48.0	48.8	49.5	50.5
F		21.1	21.6	21.8	22.4	22.9	23.1	23.4	23.6	23.9	24.4	24.6
G		45.0	46.0	46.7	47.2	48.0	48.8	49.3	50.0	50.5	51.1	51.8
H		56.6	57.4	58.1	58.9	59.7	60.7	61.7	63.0	64.3	65.3	66.5
I		40.4	41.1	41.9	42.7	43.2	43.7	44.5	45.2	46.2	47.0	47.5
J		51.6	52.6	53.3	54.4	55.1	56.1	56.9	57.9	58.9	59.7	60.5
K		69.3	70.9	71.9	73.2	74.2	75.4	76.7	78.0	79.0	80.3	81.3
L		41.9	42.7	43.7	44.5	45.2	46.2	47.0	47.8	48.5	49.3	50.3
M	男	30.5	31.2	32.0	32.8	33.5	34.3	35.1	36.1	37.1	37.8	38.9
M	女	37.1	38.6	40.1	41.7	42.9	44.5	45.5				
N		184.4	187.2	189.7	192.8	195.6	197.9	200.2	202.9	205.2	207.8	210.3
O		154.7	157.2	159.5	161.8	164.1	166.6	168.9	171.2	173.7	176.0	178.3
P		61.0	61.7	62.7	63.8	64.8	65.5	66.5	67.3	68.3	69.9	70.4
Q		135.1	137.2	139.4	141.7	143.8	146.1	148.1	150.4	152.7	154.9	157.0
R		104.6	106.7	108.2	110.0	112.0	113.8	115.3	117.3	119.1	120.9	122.7
S		100.3	102.1	103.6	105.4	106.9	108.7	110.2	111.5	113.3	115.1	116.6
T		89.9	91.4	92.7	94.5	95.8	97.3	99.1	100.3	101.6	103.4	104.6

8.2.2 不同姿势下的工作空间和有利工作区域与方向

在考虑工作空间时，应使四肢具有足够的活动空间。工作器具应与人的四肢相适应。各种操纵器具的布置应在人体功能可能实施的范围内。

在身体姿势方面，一般状况坐姿优于立姿，当工作空间的位置和大小要求站着工作时，才考虑立姿。如能坐站交替则效果更好。

在身体运动方面，宁可选择身体活动而不要选择不动。

由身体传递很大的力时，距离应尽可能短，同时应取合适的姿势或有适当的支撑物。应避免身体强制保持一定的姿势，如不可避免，应设置支撑物。

下面列举了不同姿势下的有利工作区域与方向和工作岗位形态空间设计的资料数据。以站姿操作为例，有利的操作区域和方向见表8-4。

站姿操作有利的操作区域和方向

表8-4

工作范围及方向的性质			图示（mm）
手操作的有利工作区域	人站姿操作时，为使操作者有舒适的操作状态，获得较高的工作效率，躯干应处于不动的前提下，考虑手的活动范围 A 为手臂的最大可及的工作范围； B 为手臂的正常工作范围； C 为手臂的有效工作范围（活动频数应较低）； D 为手臂的有利工作范围		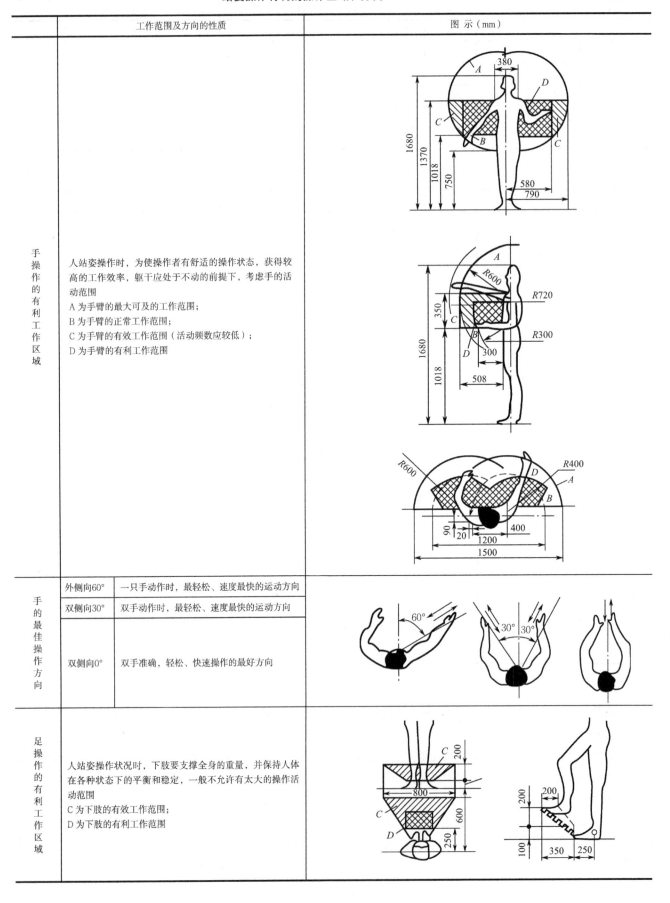
手的最佳操作方向	外侧向60°	一只手动作时，最轻松、速度最快的运动方向	
	双侧向30°	双手动作时，最轻松、速度最快的运动方向	
	双侧向0°	双手准确、轻松、快速操作的最好方向	
足操作的有利工作区域	人站姿操作状况时，下肢要支撑全身的重量，并保持人体在各种状态下的平衡和稳定，一般不允许有太大的操作活动范围 C 为下肢的有效工作范围； D 为下肢的有利工作范围		

8.2.3 人的肢体用力限度

在体力方面，必须使操作用力保持在生理上可承受的限度以内。不宜超过体力所允许的负荷。要考虑人的疲劳问题，使用的力应与人体的活动状况相适应。

坐姿用脚踩时，最大推力如图8-7所示。立姿的最大拉力与体重的关系随方向而定，如图8-8所示。立姿的最大推力与体重的关系也随方向而定，如图8-9所示。

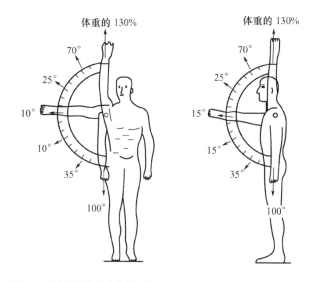

图8-9 立姿的最大推力与体重的关系

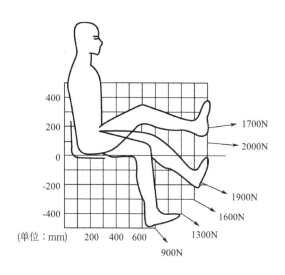

图8-7 坐姿工作时脚的最大推力

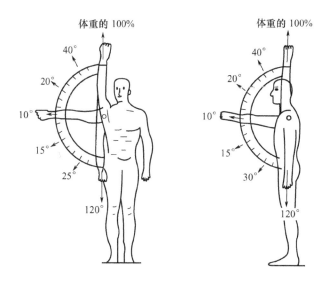

图8-8 立姿的最大拉力与体重的关系

8.2.4 视野与视界

眼睛是操作者重要的感觉器官。设计显示板（屏）时，应有适当的距离。图8-10表示了人转动眼睛和头部时的视野。只转动眼睛时，如图8-10（a）所示，左右方向的最适宜角度为15°，最大角度为35°；对上下方向而言，如图8-10（d）所示，最适宜角度为15°，向上最大角度为40°，向下最大角度为20°。其次，转动头部时，如图8-10（b）所示，左右方向的最大角度为60°；如图8-10（e）所示，向上最大角度为65°，向下最大角度为35°。最后，头部和眼睛都转动时，如图8-10（c）所示，左右方向最适宜角度为15°；如图8-10（f）示，上下方向最适宜角度为15°，向上最大角度为90°，向下最大角度为70°。

8.2.5 动作与姿势问题

人机关系体现在人对物的使用过程中，而使用过程是由人的一系列动作和姿态构成的。从这个意义上说，动作姿势是联系人机两方面的纽带，是人机界面中最实质性的因素。

设计师对动作的研究，带有较强的目的性，通常着重研究处于人机系统中的人的物理量输出的能力和极限，这些物理量包括力、位移、速度、加速度和频率等。设计师还要考虑人动作的准确性、控制精微动作的能力以及人体平衡与协调动作的能力。

8.2.5.1 动作分析方法

（1）根据系统目标的需要，按顺序列出使用产品的所有动作。

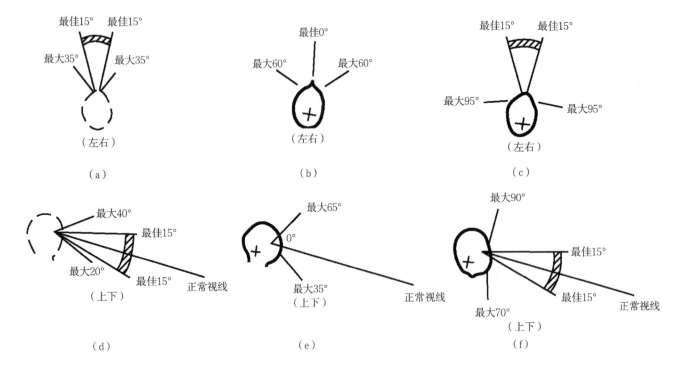

图8-10 人转动眼睛和头部时的视野
(a) 左右方向转动眼睛； (b) 左右方向头部转动； (c) 左右方向头和眼都转动；
(d) 上下方向转动眼睛； (e) 上下方向头部转动； (f) 上下方向头和眼都转动；

(2) 按重要程度找出哪些动作是必不可少的。

(3) 去掉多余动作，按人的动作特性对动作进行重构。

(4) 按重构的动作序列设计产品。

8.2.5.2 动作重构——动作经济原则

(1) 有效利用肢体能力，能用脚和左手完成的动作就不用右手完成，把动作能力最强的右手留出来做更重要的工作，能用单手完成的动作就不用双手。

(2) 动作尽可能符合人的运动特性，动作设计要连续，具有节奏感，符合人的某种动作习惯。四肢的动作要有助于保持重心的稳定（如一只手向前另一只手向后）。

(3) 动作分配要合理，根据动作的力量、动作幅度、精细程度合理分配四肢。

(4) 避免静态持续受力，肌肉施力有两种方式：动态肌肉施力和静态肌肉施力。静态施力的供血量大大小于需血量。静态施力的划分可参照下列标准：

1) 持续10秒以上，肌肉施大力；

2) 持续1分钟以上，肌肉中等施力；

3) 持续4分钟以上，肌肉施小力（约为个人最大肌力的1/3）。

几乎所有的工业和职业劳动都包括不同程度的静态施力，例如，工作时向前弯腰或向两侧弯腰；用手臂夹持物体；工作时，手臂水平抬起；一只脚支撑体重，另一只脚控制机器；长时间站在一个位置上；推拉重物。

8.2.5.3 作业效率和施力法则

哪种方式产生的肌力最大，就以哪种施力方式进行工作。在施力时，特别在负荷很大的情况下，应使肌肉处于自然状态的长度，以合理使用肌肉。

避免静态施力的设计要点：

(1) 避免弯腰或其他不自然的身体姿势，身体和头向两侧静态施力，危害更大。

(2) 避免抬手过高，降低操作精度和影响人的技能的发挥。

(3) 坐着比站着工作好，工作椅应使操作者易改变坐、站姿势。

(4) 双手操作应相反或对称，有利于神经控制。

(5) 当手不得不在较高位置时应使用支撑物。

8.2.6 人体测量数据的处理

在人体测量资料中，常常给出的是第5、第50和第95百分位数值。在设计中，当需要得到任一百分位数值时，则可按下式求出：

1%～50%之间的数值：$P=M-(SK)$

50%～99%之间的数值：$P=M+(SK)$

M为标准值；S为标准差；K为百分比变换系数。

(1) 人体尺寸的区域划分

东北、华北区：黑龙江、吉林、辽宁、内蒙古、山东、北京、天津、河北

西北区：甘肃、青海、陕西、山西、西藏、宁夏、河南、新疆

东南区：安徽、江苏、上海、浙江

华中区：湖南、湖北、江西

华南区：广东、广西、福建

西南区：贵州、四川、云南

(2) 各地区身高、体重的M、S值

东北、华北区：身高：M=1693(1586)；S=56.6(51.8)

体重：M=64(55)；S=8.2(7.7)

西北区：身高：M=1684(1575)；S=53.7(51.9)

体重：M=60(52)；S=7.6(7.1)

东南区：身高：M=1686(1575)；S=55.2(50.8)

体重：M=59(51)；S=7.7(7.2)

华中区：身高：M=1669(1560)；S=56.3(50.7)

体重：M=57(50)；S=6.9(6.8)

华南区：身高：M=1650(1549)；S=57.1(49.1)

体重：M=56(49)；S=6.9(6.5)

西南区：身高：M=1647(1546)；S=56.7(53.9)

体重：M=55(50)；S=6.8(6.9)

(3) 百分比对应的变换系数K

5%——1.645
10%——1.282
20%——0.842
25%——0.674
50%——0.000
75%——0.674
80%——0.842
90%——1.282
95%——1.645

例：设计适用于90%华北男性使用的产品，试问应按怎样的身高范围设计该产品尺寸？

解：由表查知华北男性身高平均值 $M=1693mm$，标准差 $S=56.6mm$，要求产品适用于90%的人，故以第5百分位和第95百分位确定尺寸的界限值，由上面查得变换系数K=1.645；

即第5百分位数为：$P=1693-(56.6\times1.645)=1600mm$

第95百分位数为：$P=1693+(56.6\times1.645)=1786mm$

结论：按身高1600~1786mm设计产品尺寸，将适应用于90%的华北男性；

讨论：平均值是作为设计的基本尺寸，而标准差是作为设计的调整量的。

8.2.7 人体测量数据与设计限

在工程和产品设计中必须充分考虑到"人的因素"，将人的特性作为设计依据之一。使设计的产品和环境达到舒适、安全、效能，为了使所设计的产品或空间适用于潜在的使用者。

大体有四种方法。第一种是根据设计标准选择使用者。也就是说在设计时很少考虑将来使用者的适用问题。此法设计的产品或空间的满足度很低，有"削足适履"之嫌。第二种是根据使用者个体尺寸进行产品设计，就是"量体裁衣"。这种方法虽然最能满足使用者的需要，但由此设计的产品必然代价昂贵，且没有普遍适用性，在很多情况下是不可能做到的。例如，公用设施就只可能按群体而不可能按个体的尺寸设计。

以上是两种极端的情况。而确定设计以满足绝大多数使用者的需要(方法三)以及划分不同的型号以满足不同使用者的需要（方法四)是解决设计对象与使用者相互适应问题的两种基本方法。前者主要用于工作空间和生活空间以及许多公用设施的设计，后者主要用于服装和个人防护等用具的设计。本文主要讨论上述第三种方法。

人体测量数据在工程和产品设计中可起到双重作用，一是根据预期的满足度提供设计值，二是根据设计值估计所能达到的满足度。

8.2.7.1 单维情况

单维指标的百分位数是最常见的也是最基本的人体数据表达形式。如果在某一工程设计中只涉及身体的某单一指标，则可利用单维指标的百分位数值确定界限值作为设计值，以满足一定比例的人们的需要。反之，对某一设计值可以用某一指标的百分位数值评价其满足度。

根据不同的设计对象，可采用不同的界限值。有三种基本情况：

(1) 针对极端个别的尺寸确定设计值

极端个体的尺寸又分为极小尺寸和极大尺寸，一般取95%和5%百分值数值。如果由于设计的尺寸不合适会有害于健康或增加危险性(在安全技术中经常遇到这类问题)，则采用99%和1%百分位数值。

极小尺寸是取上限百分位数值(95%或99%)作设计值。例如设计门、舱口、通道等就属于这种情况。这样设

计，从理论上讲，可以满足95%或99%的人的需要，即可以顺利通过门舱口、通道。

极大尺寸是取下限百分位数值(5%或1%)作设计值。例如设计控制器与操作者距离时就属这种情况，这样设计，短手臂的人能触到控制器，长手臂的人自然也会触到。

(2) 可调范围的设计

为了满足不同尺寸人的使用，有些产品和设施设计成可调尺寸的。例如，汽车驾驶员的座位可上下前后调节，打字员的椅子可上下调节等等。调尺寸的范围一般定为5%～95%分位数之间。从理论上讲，经过一定调节可使90%的人满足需要，为什么不定1%～99%或0%～100%百分位数之间作为可调范围呢？从座椅设计的统计值可以看出，从5%～95%的可调范围是100cm。而1%～99%的可调范围为143cm。为了使满足度增加8%，可调范围增加43cm，有时从成本费用考虑是不划算的。

为了满足一定比例(比如90%)的人的需要，为什么尺寸范围要定在中间部分，例如5%～95%，而不定在1%～96%或其他百分位数之间呢？因为第一，人体尺寸落在中间部分的概率最高；第二，为满足一个比例的需要，中间部分的尺寸范围最短。因此，中间位置是设计的最佳位置。

(3) 以平均值作设计值

在设计中有时会遇到这样一类设计任务，即要求规定一个折中值(一般是算求平均值)作为设计值。例如商店的柜台高度，门把手的高度等等。在这种情况下以平均值作设计值，比用其他值作设计值更能满足较大部分人的需要。虽然平均值的设计对身体尺寸较大或较小的人来说使用也不方便，但可凑合使用。而如果以较高或较低百分位数值作设计值，则有相当部分的身体尺寸——较大或较小的人，几乎不能使用。

8.2.7.2 多维情况

工程设计中往往需要同时考虑2个或2个以上的人体指标，这时问题就变得复杂了。复杂性来自人体指标之间的相关性。人们往往认为人体各指标都具有很高的相关程度，身体某一指标的尺寸落在一定百分位数之内，其他指标的尺寸肯定会落在同一范围内，事实上并不是如此。有些指标之间相关程度高，有些指标相关程度很低。这样，一个人某一指标尺寸落在一定的百分数之内，其另一指标的尺寸可能落在一定的百分位数之外。例如 W·F·马罗尼根据美国海军航空兵的人体测量资料，为设计飞机驾驶舱规格，考虑了人体13个指标。每个指标都将5%百分位数之下和95%百分位数以上尺寸的人排除，结果远不是预先设想的那样仅排除10%的人，而是有52.6%的人无法适应驾驶舱。这样高比例的不满足度当然不是设计者的初衷，因此在工程设计中对多指标的问题不能按单维情况那样简单处理。一般的规律是考虑指标越多，多指标间的相关程度越差，则不满足度越大。

(1) 估计两指标设计的不满足度

人体二维指标分布频率表也是人体数据的主要表达形式之一。二维指标分布频率表构成是以X、Y轴分别代表人体的两个指标。将X、Y轴划分出若干小区间形成XY平面上的若干单元，统计人体该项指标落在各单元中的频率，主要根据两个人体指标设计的产品和空间。其不满足度，不仅依赖两个指标各自的不满足度，而且依赖这两个指标的相关程度。

(2) 规定一定的满足度，选择设计限在单维的情况，设计限规定了某一直线长度。而在二维情况下，指标的设计限分为矩形、椭圆形和菱形三种不同的设计原则。

1) 矩形设计原则

矩形设计原则的特点是直观，设计方便，但不尽合理。因为第一，这样做不是优设计。无法以最小的设计范围包含一定的满足度。第二，落在设计范围外的概率不一定小于落在设计范围内的概率。换句话说，可能性较大的人体指标的尺寸搭配被排斥在设计范围以外，而可能性很小的人体两指标的尺寸搭配反而会留在设计限内。

2) 椭圆形设计原则

规定一个其中包含一定比例的数据的二维分布的椭圆形区域，其边界线即为设计限。该椭圆也称等概率椭圆，因为边界上的概率密度是相等的。采用椭圆形设计原则可以解决矩形设计限的不合理处，但精确计算椭圆形边界线是比较麻烦的。而且该边界线上各点所对应的两个指标的百分位数是变化的，不与某确定的百分位数相联系。为了反映某比例，例如95%的驾驶员眼的位置的眼椭圆就采用了椭圆形设计原则。利用眼椭圆可以确定驾驶员的视野，这在驾驶舱的设计中是很重要的。

3) 菱形设计原则

另外一个比较简单的又能克服椭圆形设计原则局限的技术，就是菱形边界的设计。

8.3 基于人体测量学的人体模板

由于人体各部位的尺寸因人而异，而且人体的工作姿势随着作业对象和工作情况的不同而不断变化。因此从理论上解决人机相关位置问题是比较困难的。在长期的实践过程中，人们发明创造了一种直观的人机相对位置分析方法——标准人体尺寸模型，简称人体模板。各种人体模板现已成功地运用于各行各业中，为合理布置人机系统发挥了重要作用。

目前，在人体工程系统设计中采用较多的是二维人体模板即平面模拟人。这种人体模板是根据人体测量数据进行处理和选择而得到的标准人体尺寸，利用塑料板材或密实纤维板等材料，按照1:1、1:5等设计中常用比例制成人体各个关节均可活动的人体侧视模型。平面成套标准人体模板已由专门的销售部门作为设计的辅助工具出售，为设计部门提供了极为方便的条件。不过，现有人体模板由于技术的原因，所用的腰区关节结构（P5），没有反映人体这一区域的全部生理作用，因此背部的外形与人体实际的腰区弧线也不完全相符，故不宜用作座椅靠背曲线的设计。

现今使用越来越多的另一类人体模板是三维人体模型即立体模拟人，三维人体模型分实物模型和计算机辅助模拟模型两种。实物模型的应用十分广泛，已在需做定位测试或实验中存在对人不安全因素的情况下发挥了积极作用，如用于三维立体裁剪的各种服装人台，模拟极地气候条件用的人工气候室中的暖体假人、出汗假人等。计算机辅助模型则是近年来迅速发展和逐渐得到广泛应用的三维人体模型，在计算机上实现人体的几何模型和生物力学模型，不需制作实物模型，因此既经济又加快了研究周期。如用于研制起重机驾驶系统的计算机辅助模型、用于汽车撞击试验用的计算机模拟模型。

8.3.1 二维人体模板

二维人体模板是目前人机系统设计时最常用的一种物理仿真模型（图8-11，表8-5）。在概念设计的布局设计阶段，可将二维人体模板放在实际作业空间或置于设计图纸的相关位置上，用以校核设计的可行性和合理性。

二维人体模板的组成：

(1) 基准线：如图8-11所示，人体各部分肢体上标出的基准线是用来确定关节调节角度的。

(2) 关节：二维人体模板可以演示关节的多种功能，但不能演示侧向外展和转动运动。二维人体模板上的关节有一部分是铰链结构（肘、手、头、髋、足），有一部分是根据经验设计的关节结构（肩、腰、膝）。

(3) 活动范围：二维人体模板的人体关节调节范围，是指功能技术测量系统的关节角度，包括健康人在韧带和肌肉不超负荷的情况下所能达到的位置，不考虑那些虽然

可能，但对劳动姿势来说超出了生理舒适界限的活动。表8-5列出了二维人体模板关节角度的调节范围。

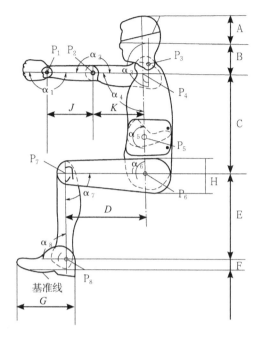

图8-11 二维人体模板

二维人体模板关节角度的调节范围 表8-5

人体关节		调节范围	
关节部位	关节名称	角度代号	角度调节量
P1	腕关节	α1	140°~200°
P2	肘关节	α2	60°~180°
P3	头/颈关节	α3	130°~225°
P4	肩关节	α4	0°~135°
P5	腰关节	α5	168°~195°
P6	髋关节	α6	65°~120°
P7	膝关节	α7	75°~180°
P8	脚关节	α8	70°~125°

二维人体模板的分段尺寸随身高不同而发生变化，表8-6列出了六种不同身高尺寸的人体各部位关节间的分段尺寸。

六种不同身高尺寸的人体各部位关节间的分段尺寸（mm） 表8-6

身高 尺寸段	1525	1575	1625	1675	1725	1775
A	90	96	103	103	108	108
B	210	210	216	222	228	235
C	394	406	420	432	441	452
D	368	381	391	406	418	433

续表

尺寸段\身高	1525	1575	1625	1675	1725	1775
E	355	368	381	393	405	420
F	108	114	114	119	125	127
G	254	267	280	293	306	319
H	76	76	82	82	88	88
I	216	229	242	242	248	254
J	242	255	255	268	281	294

8.3.2 二维人体模板的应用

人体工程设计的主要内容之一是概念设计工作，如初始方案的拟订、最优方案的抉择、结构设计、工艺方案的规划等。概念设计是一种创造性活动，只有依靠设计人员的思考和推理，综合运用诸多学科的专门知识和设计专家丰富的实践经验，才能得到正确合理的设计结果。

人体模板应用十分广泛，主要可用于辅助制图、辅助设计、辅助演示或模拟测试等方面。在人机系统设计中，人体模板是设计或制图人员考虑主要人体尺寸时有用的辅助手段。例如，对于坐姿安装工作系统的设计，借助于人体模板，即可方便地得到适合不同人体尺寸的人在生产区域中的工作面高度、坐平面高度、脚踏板高度这样一组相互关联的尺寸数据，进而为工作台、座椅、脚踏板的设计提供可靠依据。在汽车、飞机、轮船等交通运输设备设计中，驾驶室或驾驶舱、驾驶座以及乘客座椅等相关尺寸非常复杂，人与"机"的相对位置要求又十分严格，为了使这种人机系统的设计能更好地符合人的生理要求，在设计中可以采用人体模板来校核有关驾驶室空间尺寸、方向盘等机构的位置、显示仪表的布置等，是否符合人体尺寸与规定姿势的要求。

在产品设计流程的布局设计阶段，设计者要根据建立的二维人体模板，合理设计操作者的作业空间、操作姿势、操纵机构。操作者在工作中保持舒适、自然和方便操作的劳动姿势，将有利于身体健康、有助于减轻疲劳、提高工作质量和劳动生产率。因此，机器设计时必须首先确定操作者的工作姿势和体位，然后按照使人体保持最适宜的劳动姿势的要求，合理设计机器系统及其有关部件。

例如，可利用以上二维人体模板对煤矿综采工作面人机系统进行计算机模拟研究。煤矿综采工作面劳动环境是十分恶劣的——狭窄的工作空间，地下水的渗淋，暗淡的光线，超过正常标准的粉尘，工人经常在移动状态下工作，体力消耗大。特别在薄煤层采煤工作面，工人劳动时处于蹲姿、跪姿、甚至卧姿（俯卧、仰卧或侧卧），且移动的工作状态。另一方面，综采工作面设备的技术水平也在不断提高，装机功率越来越大，要求适应的工作面条件越来越广。这样，有必要应用人体工程学理论，对综采工作面人机系统进行研究，保障矿工安全和身体健康，使先进的设备在特殊的环境中，产生更大的效益。综采工作面人机系统计算机模拟软件，可以模拟人在综采工作面不同条件下的作业过程，使设备（采煤机、液压支架和运输机）模型和人体模型的位置、方向可以改变，人体模型的主要连接部分都能活动，躯体几何尺寸也能改变。这样利用人体模型和设备模型之间的相互关系，进行人体工程学各种准则的评价。例如，伸达试验即人体模型能伸展到达设备操纵装置的距离的试验，适合性试验即保证人方便地在工作地点出入和操作的试验等。

本章思考题

（1）解释人体测量学中常用的概念：百分位、适应域和标准差。
（2）理解人体静态和动态尺寸的概念，以及它们的应用范围。
（3）常用的人体测量数据有哪些？
（4）什么是人体模板，它的主要用途是什么？
（5）人体测量数据应用时如何考虑设计限，一般有哪些方法？
（6）设计一款休息用躺椅，分析如何考虑人体工程学因素，如何应用人体数据？

第9章　产品设计与人体工程学

美国学者赫伯特·A·西蒙指出：设计是人工物的内部环境（人工物自身的物质和组织）和外部环境（人工物的工作或使用环境）的结合。所以设计是把握人工物内部环境和外部环境结合的学科，这种结合是围绕人来进行的。他所指的内部环境和外部环境实际上就是人机系统。现代工业产品设计不仅仅是性能、功能等技术设计，它还融合了外观造型设计，并将两者巧妙地结合起来，更能体现出综合性能的优势，朝着时尚、美观的方向发展。把人体工程学引入到工业产品设计中，目的是为了优化用户和产品之间的界面，使人机系统达到最佳组合。

狭义地说，设计是一种构思与规划，并将这种构思与规划通过一定的手段使之视觉化的过程。即通过设计构思赋予物品以规定的形状与色彩，并用图纸或模型予以表达。设计的本质是创造。广义地说，设计就是设计一种生活方式，创造一种新的文化形态。纵观中国家具史的发展，从坐几到凭几，从凭几到靠背椅，就决定了从席地而坐到垂足而坐的生活方式的演变；从太师椅到现代沙发，就决定了从正襟危坐到舒适的靠坐的坐姿的生活方式的演变。因此设计是生活方式的设计，其含义不仅反映物质生活的一面，也是精神生活的反映。

概而言之，设计作为一种文化现象，是一项综合性的规划活动，是一门技术与艺术相结合的学科，同时受环境、社会形态、文化观念以及经济等多方面的制约和影响，即设计是功能与形式、技术与艺术的统一。设计的门类有工业设计、环境设计、服装设计等。任何设计都是以人为出发点，设计的目的是为人而不是产品，设计必须遵循自然与客观的法则来进行，这些都明确地体现了现代设计强调"用"与"美"的高度统一和"物"与"人"的完美结合，把先进的技术和广泛的社会需求作为设计风格的基础。所以，设计的主导思想是以人为中心，着重研究"物"与"人"之间的协调关系。

人体工程学与设计学科在基本思想与工作内容上有很多一致性：人体工程学的基本理论"设计要适合人的生理、心理因素"与设计的基本观念"创造产品应同时满足人们的物质与文化需求"，意义基本相同，侧重点稍有不同；设计与人体工程学同样都是研究人与物之间的关系，研究物与人交接界面上的问题。由于设计学科在历史发展中融入了更多的美的探求等文化因素，工作领域还包括视觉传达设计等方面，而人体工程学则在劳动与管理科学中有更广泛的应用，这是二者的区别。

社会的发展、技术的进步、产品的更新、生活节奏的加快等一系列的社会与物质因素，使人们在享受物质生活的同时，更加注重物质在"方便"、"舒适"、"可靠"、"价值"、"安全"和"效率"等方面的最优化评价，也就是在现今物质设计中常提到的人性化设计问题。人性化设计理念的形成关键，是人体工程学原理在设计学科中的充分运用。

所谓人性化设计，就是包含人体工程学特点的物质设计，只要是"人"所使用的产品，都应在人体工程学上加以考虑，产品的造型与人体工程学无疑是结合在一起的。我们可以将它们描述为：以心理为圆心，生理为半径，用以建立人与物及环境之间和谐关系的方式（"人—机—环境"的系统理论），最大限度地挖掘人的潜能，综合平衡地使用人的机能，保护人体的健康，从而提高生产效率。仅从工业设计这一范畴来看，大至宇航系统、城市规划、建筑设施、自动化工厂、机械设备、交通工具，小至家具、服装、文具以及盆、杯、碗筷之类各种生产与生活所创造的"物"，在设计和制造时都必须把"人的因素"作为一个重要的条件来考虑。若将产品类别区分为专业用品和一般用品的话，专业用品在人体工程学上则会有更多的考虑，它比较侧重于生理学的层面，而一般性产品则必须兼顾心理层面的问题，需要更多的符合美学及潮流的设计，也就是应以产品人性化的需求目的为主。

总之，人性化要求设计师已不仅仅是在设计一个"物"，而在设计之前必须先考虑到人，设计师必须是把"为人而设计"的观念直接体现在产品之上。设计时必须充分考虑人体工程学原理，确立"人—机（物）—环境"的系统，并运用生理学、心理学和其他相关学科的知识，系统地研究产品与人类动作的设计及人类物理环境改变对人类功能的改变与限制的知识，以期使人与产品有最好的配合，创造一种新的、更为合理的使用方式。如在操作计算机的上机姿势中，在现行的上机条件下，操作员常常是手臂向前悬空着来操作键盘和鼠标。手臂的悬空形成了肩部的静态疲劳，使得操作员不得不将背部靠在椅子靠背上作业(后靠姿势会加大悬空手臂的前伸程度,从而增大肩部所需要的平衡力矩,加快肩部的疲劳),而当操作员脱离靠背又手臂悬空时,体重就全部由脊柱来承担,其结果或是腰部的疲劳酸痛,或是腰肌放弃维持直坐姿势而塌腰驼背,或者是把手腕抵在桌沿而引发腕管综合征。要解决诸如此类的问题,设计师就必须充分考虑人体工程学的因素。

由此可见,如果产品设计得不好,不能与人及环境相协调,不能为社会创造一个更科学、更符合人体工程学原理的新的使用方式(产品设计不符合人性化),就不能很好地满足现今竞争激烈的市场需求。那么它或许带给社会的是一系列的负面影响。可以说,人性化的产品设计理念是时代文明的呼唤。

9.1 产品设计人体因素分析

9.1.1 人的功能特征

随着信息时代的来临,人们对人机工学在工业设计中的作用有了全新的认识。在人体尺度等问题的基础上更强调人机效率、个人心理等问题。在社会发展日新月异的今天,人机效率对工业设计的指导性作用越来越明显。任何产品的初始信息输入或运行,其调整控制部分总是需要人的干预,总有直接与人交换信息的人机界面。这些界面作用于听、视、嗅、味、触及体觉的信息传递系统以及接收人的操纵控制信息。产品有物理参数,而人具有生理和心理参数。所谓对产品作人体工程及美学设计就是在这些界面上协调人机之间的关系,使人机系统达到安全、高效、舒适、美观的状态。

在第二次世界大战中,盟军的很多飞机都是因为飞行员的操纵失误而坠毁,很大原因就在于飞机的仪表盘传达出的信息模糊。现今许多产品都安装了漂亮的按键式控制开关,一排形状及色彩完全相同的按键,可辨性极差,键数越多,排得越长,辨认时就越费时间。这是因为按键难以形成特征记忆,只能靠位置排序记忆,增加了知识信息的转换过程。相连的按键多于三个就超出了人的一次性瞬时计数能力,出现紧急情况时就可能发生操作失误。在控制面板色彩搭配时,原色最易记忆,间色次之,复色因色感不鲜明,记忆最为困难。此外,作业姿态以及作业顺序也是人机效率在工业设计中起指导性作用的一个重要方面。要有效利用肢体的能力,达到安全、高效的作用,设计师就必须对人的生理机能作深入的了解。

例如,人在静态的持续用力情况下会疲劳,双手抬得过高会降低操作精度等。这些生理需要都迫切地要求设计师设计出更加宜人的产品。另外,人的生理存在着精力充沛—疲劳—恢复—精力充沛这样的循环过程。而我们所需要的是精力充沛。因此,设计出的产品要尽量减少劳动者的劳动强度,减少精力消耗,减少疲劳,缩短恢复期。1998年泰勒所作的"铁锹作业试验"已经说明了这一点。设计师要对使用者使用产品的操作顺序有一个统筹安排。华罗庚曾经以烧一壶水为例对统筹安排有过一段精辟论述。虽然它不是针对某件具体的产品,但其原理是一样的——通过一个适宜人的生理机能的工作顺序,达到更高的工作效率。很多时候完成一件事,可以通过很多种不同的顺序,但只有一种顺序是快速高效的。要设计出高效的工作顺序,就必须遵循"动作经济原则":保留必要动作,减少辅助动作,去掉多余动作。如打电话的动作过程:查电话号码、拿起话筒、寻找字符、拨号,再是听、讲。其中,寻找字符就是一个多余动作,应该避免。而查电话号码这样的辅助动作也应该减少。要避免和减少多余动作、辅助动作,就要依赖于设计师在人机工学的指导下对产品进行改良。

9.1.2 人的心理特征

随着社会多元化的发展,人们对产品的追求已不只是对功能和使用舒适性的需要,更多的是心理需求。心理需求主要是满足人们精神、情绪及感知上的需求。它是在满足人们生理的基本需求基础上的更高一层的需求。对一件产品而言,可以使用,能够完成工作,这就满足了基本生理需求。如果该产品不仅能用,而且好用,使人感到极大的舒适和方便,同时又美观、大方,能体现使用者的文化修养、社会地位和层次,那么它又满足了人的心理需求。

心理作用影响我们的各种活动,同样在设计中也发挥作用。人机工学对心理的研究主要揭示和探索产品使用过程中人的心理规律,从而指导设计。形体是设计的基本要素,通过心理的研究对形体做心理分析,可以使设计师明确心理因素在形体中所起的作用,并以此为依据进行设计。

尖锐的外形会使人产生警觉,圆润的外形会使人感到亲近。这都是形体的变化对人产生的心理影响。设计师通过心理分析而对形体进行改造,这正是心理分析对工业设计指导性作用的重要体现。

然而对使用者心理的把握却并非易事。使用者存在年龄、地位、世界观、文化及经济等方面的差异,造成了审美情趣和价值观念各不相同。这就促使设计必须千变万化。任何一个设计都要有针对性,都是为某一群体而设计。例如，日本的NIDO设计事务所设计的一套幼儿餐具，它的功能性特点在于它所针对的是幼儿拿东西时的本能——确认手中物体的存在而紧紧握住。然而我们目前所见到的幼儿餐具大多为成人餐具的缩小，使幼儿难以紧握。幼儿不得不依赖母亲喂食，这就影响了幼儿的自信、生活自立。NIDO设计的这套餐具尾部上翘弯曲成弓形，下面有一橄榄球状的把柄。幼儿握住橄榄球状的把柄，手背则被上面的弓形柄尾卡住，使之不易滑落。由于其材料采用具有"形状记忆"功能的聚合物，能与各种手形自动吻合。这个极具人性内涵的设计充分关注了幼儿的心理特征。这是心理分析对工业设计指导性作用的一个成功范例。在后现代主义弥漫的今天，很多传统设计风格都在被打破，人们追求自由的、个性化的设计。这就说明了为满足个人的生理需求，人机工学的心理因素对工业设计的指导性作用将会越来越重要。

9.1.3 人对环境的适应性概述

人类的社会性生存是一种不可避免的自然现象，它源于人对自然的共同的适应性。具体社会形态是人与自然环境和社会环境之间相互作用的结果，并随相互作用诸因素的变化而变化。

人对环境的适应性概分为对自然环境的适应性和对社会环境的适应性。因为人类是从动物进化而来，故人对自然环境的适应性问题早在人类社会的原始阶段即已基本解决，而人对社会环境的适应性问题，则因人的智慧及其成就的不断相对发展而成为永远的问题。因而人之存在适应性问题主要是人之社会适应性问题，而这个问题与其说是人对社会的适应性问题，毋宁说是社会对人的适应性问题。因为人是社会的主体，人是人类及其社会进化的起点，人是人类社会一切变化之源，而社会是人与人相互作用的结果，所以社会对人的创造本性及其带来的一切变化的适应性成为人类进化的关键。然而，我们不能孤立地看人的自然适应性或人的社会适应性，因为人既是以社会性生命存在适应自然的，又是以自然生命存在适应社会的，所以人的自然适应中交织着人的社会适应性，而人的社会适应性中也交织着人的自然适应。因此，不论对于人之自然存在的发展来说还是对于人之社会存在的发展来说，社会对于人的意义都是不容忽视的问题。

在考虑了人与自然的关系基础上，诞生了绿色设计。绿色设计是在站在人类根本利益基点上全方位的设计观念。它既满足人的需求，又注重生态环境的保护与可持续性发展的原则，促进人与自然协调发展。即在产品的整个生命周期内（设计、制造、运输、销售、使用或消费、废弃处理），着重考虑产品的环境属性（自然资源的利用、对环境和人的影响、可拆卸性、可回收性、可重复利用性等），并将其作为设计目标，在满足环境目标要求的同时，并行地考虑并保证产品应有的基本功能、使用寿命、经济性和质量等。例如，齿轮加工中的护罩和油雾分离器，只是解决了车间环境问题，并不能从根本上解决环保问题，因为变质切削液的更换排放仍会严重影响环境。德国、日本等国的干式切削滚齿机，切削过程不用喷淋切削液，做到绿色制造及清洁加工。现在欧洲利用高速干式切削齿轮已比较广泛，干式切削机床的研制与使用已成发展趋势。

9.2 产品设计中人机设计方法

许多产品在投入使用后不能达到预期效果，究其原因，不仅与产品的工艺、性能、材料、可靠性等有关，更为重要的，是与设计的产品不适应于人的特性有关，如产品的结构、信息显示方式与信息量、控制器的布置、操作者的认知能力、操作者的身高、操作时的施力大小以及动作的速度和准确度等。后一问题的产生，均可归属于在产品设计阶段未能进行人体工程设计所致。尤其对于现代日趋大型、复杂的机器和设备，在产品设计阶段，如果不充分注意操作者的生理、心理特性，忽视人的因素，即使设计的产品本身具有很好的物质功能，投入使用后也不可能得到充分发挥，甚至可能导致事故的发生。由此可见，在产品设计中不进行人体工程设计，产品的功能将无法得到保证。下面简单介绍在产品设计的各个阶段中需要进行的人体工程设计。

9.2.1 规划阶段（准备阶段）

（1）考虑产品与人及环境的全部联系，全面分析人在系统中的具体作用。

（2）明确人与产品的关系，确定人与产品关系中各部分的特性及人体工程要求设计的内容。

（3）根据人与产品的功能特性，确定人与产品功能的分配。

9.2.2 概念设计阶段

（1）从人与产品、人与环境方面进行分析，在提出的众多方案中按人体工程学原理进行分析比较。

（2）比较人与产品的功能特性、设计限度、人的能力限度、操作条件的可靠性以及效率预测，选出最佳方案。

（3）按最佳方案制作简易模型，进行模拟实验，将实验结果与人体工程学要求进行比较，并提出改进意见。

（4）对最佳方案写出详细说明：方案获得的结果、操作条件、操作内容、效率、维修的难易程度、经济效益、提出的改进意见。

9.2.3 详细设计阶段

（1）从人的生理、心理特性考虑产品的结构形状。

（2）从人体尺寸、人的能力限度考虑确定产品的零部件尺寸。

（3）从人的信息传递能力考虑信息显示与信息处理。

（4）根据技术设计确定的构形和零部件尺寸选定最佳方案，再次制作模型，进行实验。

（5）从操作者的身高、人体活动范围、操作方便程度等方面进行评价，并预测还可能出现的问题，进一步确定人机关系可行程度，提出改进意见。

9.2.4 制造设计阶段

检查施工图是否满足人体工程学的要求，尤其是与人有关的零部件尺寸、显示与控制装置。对试制出的样机，根据人体工程学，进行全面评价，提出需要改进的意见，最后投产。

9.3 手持产品人体工程学分析实例——以手机为例

9.3.1 绪论

就目前的手机设计市场而言，随着手机制造技术的发展，功能性技术的发展早已经不是制造研究的主要问题，手机的设计问题已经发展成为一个典型的"黑箱问题"。

目前的手机设计出现了这样一种现象：手机制造商几乎每个月都会推出几种新款样式的产品，不断求新、求异，以谋求在市场竞争中的生存和发展。在此环境下，手机的设计很容易走向了另一个极端——以作"表面文章"为主。

满足用户不断提高的精神需求固然重要，但是求新求异的同时，反而容易忽略了一些功能方面的基本需求，例如手机按键的人机问题。

目前手机的按键设计种类非常多，但是在人机问题方面多少都有一些缺点。与此同时，值得注意的是现在的手机早已经不是简单的"移动电话"的概念，在用户的生活中越来越多的充当移动信息中心的作用，越来越多的需要"输入"操作，需要相对长时间的、快速、准确地操作，此时键盘的人机设计更体现出其重要的地位。

在手机输入和控制界面中，键盘目前仍然占主导地位，但是现有键盘界面过多地依赖于拇指，所以随着手机使用中信息量的增加，设计师应该寻求各种新型的键盘，或者改善键盘，从而减轻拇指的劳动强度；或者将一部分工作分配给拇指以外的肢体去做。

传统的人体工程问题在运动生理领域研究的对象都是一些典型的体积相对较大的产品，根据研究时所搜集到的相关文献资料，人体测量部分的数据几乎全部集中于头部、躯干、四肢等较大尺度对象的测量。涉及设计标准的部分，则主要是与人体尺度相当的产品和建筑设计标准。目前的人体工程学在这一方面发展已经相当成熟。

但是，对于小尺度的家电通信类产品的人体工程问题，目前的研究和提供给设计师的支持则比较少，尤其是缺乏基础理论研究。

国内外对小尺度的家电通信类产品的键盘设计的人体工程问题研究虽然相对较少，但并非没有。不过，目前这方面的研究成果主要有以下几个特点：

第一，计算机键盘等全功能键盘研究的成果较多，手机键盘等单手操作小型键盘的研究较少。工业设计师们对全功能键盘的研究由来已久，从ABCDE键盘到QWERTY键盘再到Dvorak键盘，从早期IBM键盘到微软自然键盘，从按键形状到功能键布局，从硬件的方法到软件的方法，研究成果不胜枚举，键盘形式不断发展完善，甚至连一些手机键盘也在向全功能键盘靠拢。但是由于尺度和操作方式的不同，这些研究成果不能移植到手机键盘的设计中去。反观手机键盘，在形式和功能上多年以来几无变化，一直延续着座机键盘和计算器键盘的老面孔，而实际上，手机的单手持握并操作的特点与这两者在操作方式上并无直接联系。

第二，手机键盘软件人机问题研究较多，硬件人机问题研究较少。最突出的现象就是近年来输入法研究成果很多，T9输入法从众多输入法中逐渐脱颖而出，成为手机输入法的主流，并且还在不断的改进和完善中。与此相对应的是，手机键盘硬件的人机问题不但没有得到应有的重视，反而在形式设计的冲击下，人机特性有走向倒退的趋势，严重不符合手指运动特性的键盘设计越来越多。

全球主要手机生产商诺基亚对手机键盘的研究投入很大，不断推出新的键盘概念，与国内部分高校和研究机构合作密切。但是其人机问题研究的重点并不在手指运动特性与键盘关系上，而是在显示与控制的协调性、手机软件的可用性等方面。

国内手机生产厂商设计部门在此方面研究更少，其职责主要是以研究造型风格和结构设计为主，在人机方面的工作基本上仅限于后期的主观评价。

第三，缺乏基础理论研究。目前，日本和我国台湾的设计研究机构在IT类小型产品的设计研究方面是公认比较先进的，在此类产品的人体工程问题上的研究也不少。不过，他们的研究方法主要是观察和比较试验，基本上总是以一个具体的已有的产品和型号为研究对象，通过实验的方法获得改良的方案，这样的研究方法是以具体产品为目标，比较缺乏基础性研究。

第四，日本在手局部的人体工程问题上做过一些基础性研究，用实验的方法探讨了手指运动的一些基本特征。但是，这些研究主要是针对手指作为手这个整体的一部分的共同特性，没有对结构上比较特殊的拇指的运动特殊性作详细分析，而目前手机键盘的特点恰恰是主要依赖于拇指的。

9.3.2 手机设计人体因素分析

目前市场上主要销售的手机不管是什么结构形式，其界面基本上都是三大功能分区组成（不包括听筒、麦克等部件）：屏幕、控制键区、数字键区。下面，分别对后两个功能区的各种现有设计作简单的分析。

9.3.2.1 功能键区人体因素设计

功能键区（包括非键盘形式的控制方式）的主要作用是选择和执行功能命令。目前手机的功能键设计种类非常多，具体可以分为十字四方向键、两方向键、分离的方向键（多键式）、侧面键、五维转轮、侧面三维拨轮、侧面三维转轮、正面三维转轮、正面三维拨杆、五维拨杆、还有非键盘的手写式、触控板、声控等。

其中十字四方向键、五维拨杆、侧面键、侧面三维拨轮、正面三维拨杆、手写式、声控等当前实际应用较多。

大部分手机实际上采用两、三种控制方式相结合的设计。

如图9-1所示的13张雷达图，是对以上各种功能键区设计和非键盘控制方式的主要优缺点的横向比较，是根据前期用户调查的主观评价作出的结论。

充分地了解和比较以上各种功能键区设计和非键盘控制方式的主要优缺点以后，设计师就可以在设计实践过程中针对不同的设计需求和市场定位，选择出最合适的手机功能键控制方式。

例如，专门针对老年人市场开发的手机就比较适合于采用两方向键等具有界面简洁、手感好、操作动作精度要求低等优点的控制形式。两方向键速度慢这一缺点对于此市场定位来说并不显得突出。

9.3.2.2 现有数字键设计种类

目前手机的数字键设计种类相对单一，绝大部分手机采用的是4行3列式标准12键位设计，但也有少数手机采用的是其他方式，甚至按键数量也有变化。

其他的典型设计归纳起来主要有：3行4列式、环形、全功能键盘式、手写式、FASTAP键盘、Q12键盘、极少键设计等。

（1）本文对"键型"的定义包括以下四个方面的内容：

1）键的形状，包括大小、平面形状、剖面形状。

2）键的布局，包括布局区域、排列方式、键距（包括中心距、间隙）。

3）键的力反馈，包括按键力（压强）、按键行程。

4）键的材料与工艺。

（2）键的大小主要影响手感和快速按键的准确率，归纳为四个方面：

1）大的按键有利于提高按键准确率，面积太小的按键会提高接触压强，手感不好。

2）按键面积小与按键错误率没有太直接的联系。

3）通常侧面按键、控制轮、正面拨杆、辅助功能键等都把指端接触面做得太小。

4）细长的按键通常手感不好，但并不直接严重影响按键准确率。

（3）按键在剖面形状的设计上主要要解决手感和触觉区分的问题。从手感角度，基本可以分为平、凸、凹3种，其特点可归纳为以下七个方面：

1）凸键增大了接触压强，凹键在理论上最适应手形，但在手机这种小按键上实际使用效果并不好。平键通常手感舒适，而且软胶质平键触感极好。

2）利用按键剖面形状进行相邻键触觉区分有多种办法，如凸形键、按键与基面之间的凹形导角、键间凹槽、键间凸起、阶梯键、波浪形键盘基面等。

3）触觉区分能力较差的键盘主要有无间隙平键、与手机表面平齐的平键。

4）足够大的按键中心距能保证按键准确率，但是平均中心距过大会导致键间行程过长，从而产生手指疲劳。

5）中心距足够大，保证了按键的准确率。由于指端接触面形状的关系，纵向中心距可以比横向小。

6）中心距太小，必然影响按键的准确率，在按键形状不适当时，这种影响尤其明显。

7）如果软件要求数字键和功能键经常连用的话，两者的距离就不能太远。例如，滑盖手机的键盘落差是其明

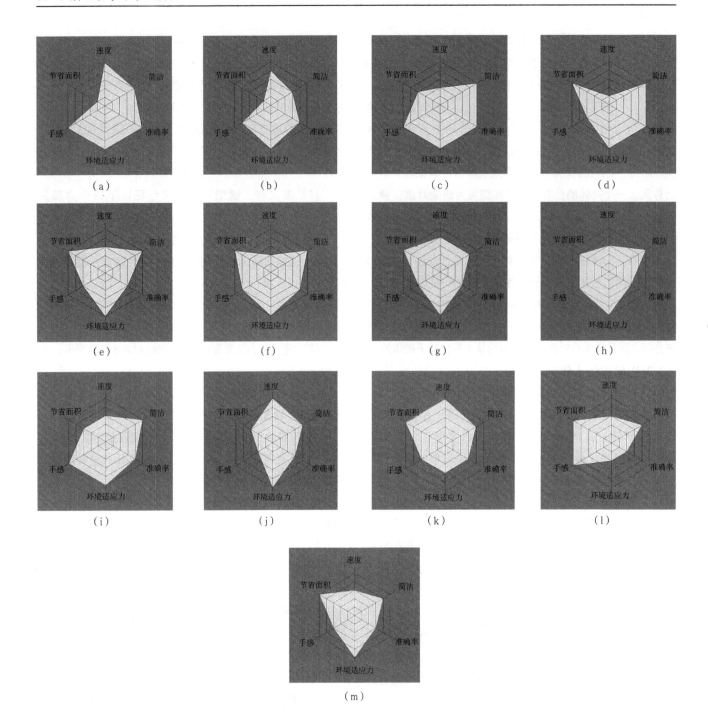

图9-1 各种控制方式的横向比较

（a）十字四方向键；（b）分离的方向键（多键）；（c）两方向键；（d）侧面键；（e）侧面三维拨轮；（f）侧面三维转轮；（g）五维转轮；（h）正面三维拨杆；（i）正面三维转轮；（j）五维拨杆正；（k）手写式；（l）声控式；（m）解控板

显弊端，将上滑盖处理成斜面是解决办法之一。

（4）非纵横排列的按键排列对键距有特殊影响，分为四个方面：

1）蜂窝状排列能在面积一定的情况下使键中心距相对更大。

2）环形排列容易导致键平均中心距过大。

3）按键过多的设计在实质上往往是连续操作的按键键距过大。

4）按键键距不均匀、排列方式不规则、变化过大的设计会破坏连续按键操作的节奏，导致按键准确率降低或者影响速度。

（5）按键的布置要避免手指过度弯曲、伸直或侧偏，否则容易造成疲劳甚至伤害，应注意以下两点：

1）现在的大屏幕手机按键常常过于靠下和靠边，容易使大拇指过度弯曲，可以考虑提高按键的位置或者采用不对称设计。

2）对于翻盖、滑盖等结构的手机，按键的设置要避开障碍。（图9-2）

图9-2 辅助控制键太靠近上翻盖

（6）按键行程（疲劳与准确率），应注意以下四点：

1）按键行程太长很容易导致手指疲劳。

2）按键行程太短容易导致误触发。

3）使用弹性材料对按键行程有一定影响，会加大行程。

4）手写式（虚拟）键盘、触摸感应式键盘、触控板按键行程为零，没有力反馈，不能通过触觉感知操作，如果没有其他明显的反馈信息就很容易发生误操作，或者导致操作速度很慢。

9.3.2.3 材料与工艺

手机键盘目前主要采用的材料和工艺有5类：普通硅胶品，塑料+硅胶（P+R），热塑性薄膜（IMD），IMD+P+R，纯塑料。

（1）IMD产品的优点是可以设计得非常轻、薄，具有优良的耐磨性，便于印刷符号和图案，可以与其他按键组合装配使用。缺点是IMD产品不适于尖锐的按键设计，按键间隙必须足够大。

（2）纯塑料现在一般极少使用，按键手感不好，联动现象比较严重。

（3）硅胶类应用广泛，可以单独使用，也可组合使用，有多种颜色和原料硬度可供选择，成本较低廉。但是纯硅胶类产品本身无手感，必须与聚酯薄膜、金属薄膜或者微动开关配合使用。

（4）P+R类是指将塑料键帽与硅胶底板通过特殊胶粘剂装配在一起的工艺，兼顾了塑料制品与弹性硅胶的优点。产品表面处理效果丰富，手感好，耐用性好，对按键形状几乎没有要求，与外壳的配合间隙可以做得很小。

（5）IMD+P+R类具有较硬的触感，又有较软的按压手感，耐磨性优越，具备密封功能。

9.3.3 手机人体工程学实验分析

9.3.3.1 手部操作方式分析

据观察，一般的手机持握（图9-3）和操作方式是：

图9-3 一般的手机持握姿势

（1）大拇指根部大鱼际肌群或手掌外侧小鱼际肌群、小指、无名指、中指合力握住手机，不参与操作；

（2）食指靠在手机后上部，可能参与操作侧面键（包括控制轮）；

（3）拇指控制键盘，或者侧面键（包括控制轮）；

（4）手写式、全功能键盘通常需要双手操作。

人手部的一般特点是：

（1）食指是最灵活、快速，触觉最灵敏的手指，其次是中指；

（2）拇指是力量最大的手指，但是耐疲劳操作范围有限，触觉方面比较迟钝。

"手"的界面设计基本原则是：

（1）必须有效地实现预定的功能；

（2）与操作者身体成适当比例，使操作者发挥最大效率；

（3）必须按照作业者的力度和作业能力设计，要适当考虑性别、年龄、训练程度和身体素质上的差异；

（4）工具要求的作业不能引起过度疲劳和尽量避免静

态施力。

"手"的界面设计解剖学因素有：

(1) 避免静态施力；

(2) 保持手腕处于顺直状态；

(3) 避免掌部组织受压力；

(4) 避免手指重复动作。

由此可见，目前手机键盘的设计与人手部的一般特点、"手"的界面设计基本原则和设计解剖学因素有诸多矛盾之处。

根据人体的骨骼、关节、肌肉、韧带运动机能的一般原理，骨骼的运动总是依赖于收缩肌和舒张肌这两组作用相反的肌肉来控制。关节必然处在一定的调节范围内最舒适、最耐疲劳，而且控制精度最高，即工效最佳处。这个范围就是收缩肌和舒张肌这两组肌肉都处在放松状态时骨骼的平衡状态，这两组肌肉越不平衡，则越容易疲劳，运动的准确性也会越低。

正常人在休息时，手自然保持弓形，这是肌肉放松时由骨结构和软组织力学关系平衡造成的。此时手的内在肌与外在肌的肌张力呈现一种相对的平衡状态。

据观察，在持握手机时，手持的位置主要受手机重心位置的影响，此时拇指各个关节肌肉的平衡位置通常会使拇指指尖处于手机中间（重心）偏左上的位置（以右手操作为例）。但是目前市场上主要销售的手机不管是什么结构形式，包括直板、翻盖，还是滑盖手机，其界面基本上千篇一律都是三段式布局（不包括听筒、麦克等部件）：上，屏幕；中，控制键区；下，数字键区。

这样的设计造成的结果就是绝大部分手机按键都处在拇指的最佳工效范围以外，而且，随着手机大屏幕设计和短信文化的越来越流行，这种情况也越来越严重。手机生产商及设计研究部门将精力集中在外观的变化上，却极少去改变这种三段式的结构，将手机最基本的操作舒适性的需要放到了次要的地位。

9.3.3.2 实验设计

(1) 实验目的

利用观察和绩效实验的手段，确定单用右手操作时拇指相对于操作界面某一坐标中心（持握手机时的自然位置）的运动工效分布曲线，为手机按键的合理布局提供实验依据，为手机按键布局评价软件的开发提供实验数据。

(2) 实验原理

通过观察法确定样本人群在自然持握手机时，手与手机的相对位置，以及拇指在手机正面所处在的位置。

目前对布局工效进行测定的首选方法是反应时间及准确度实验。本研究以准确度100%为条件，记录反应时间，给出位置信号，要求实验者完成拇指移动到位和按下的动作，测量在不同位置信号下，各操作响应信号和给出信号之间的时间延迟，最后对获得的随机测试数据进行分析，得到拇指按键操作的工效等参曲线。

(3) 实验方法

实验硬件：

1) PC机

2) 数码照相机

3) 触摸屏PDA手机（含数据附件）（图9-4），具体要求如下：

a. 全触摸屏，而且边框越窄越好，以避免测试盲区太大；

b. 内存较大、处理速度较快；

c. 支持用一些常用的语言编写应用程序；

d. 触摸屏要有足够的长度和宽度，满足拇指的整个测试范围的需要；

e. 要进行适当处理，改善持握状况，以尽量接近手机键盘真实使用情况。

实验软件要求：

1) PDA手机绩效实验测试软件（需要自行编制）；

2) 数据处理软件SPSS11.0。

(4) PDA手机绩效实验测试软件详解

本实验采用的是好易通"掌神"PDA，触摸屏有效范围为175×255像素，为了避开边框区域，以免影响测试结果，采用其中160×220像素的区域作为测试区域：将屏幕分成20×20像素的单元，每一个单元就是一个测试点。所以，整个屏幕区域就拥有8×11＝88个矩阵测试点。每个参加测试者都会对88个测试点全部测试一遍，测试点出现的次序是随机的。

注：这样的设计是为了让整个屏幕区域都得到均匀的测试，避免由于完全随机测试点可能出现的不均匀性导致统计结果偏差。

将每个测试者的全部88个测试点分成2组，每组44个。测试点每3s出现一个，两组实验之间休息1分钟。

注：测试点分组，中间插入休息的设计是为了避免长时间操作造成测试者手指疲劳，影响后出现的测试点的反应时间值。

组间休息时间可以用于PAD向计算机传输数据，及时处理。

测试点间隔时间设为3s是为了避免高强度操作造成测

的延迟，严重影响最后的正常的动作反应时间数据。

(a)

(b)

图9-4 实验采用的硬件设备
（a）实验中实际使用的PDA；
（b）处理后尽量接近手机持握状况的PDA

试者手指疲劳，影响后出现的测试点的反应时间时间值。

使测试者有足够的时间进行拇指动作并回到自然姿势，等待下一个测试点信号的出现。测试点出现时，PDA屏幕效果如图9-5所示.

反应时间是感觉反应知觉时间和运动时间之和，即：

$$T_g = T_1 + T_2$$

式中 T_g——反应时间；
T_1——感觉反应知觉时间；
T_2——运动时间。

本实验中，感觉反应知觉时间T_1属于视觉简单反应时间，平均值大约为0.2s。

图9-5黑色的方块就是测试点，十字交叉线用于提示测试者测试点的位置。这样的设计是为了避免测试者的拇指可能遮挡测试点，从而造成感觉反应知觉时间T_1

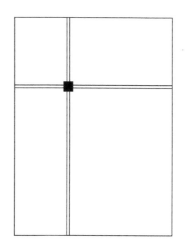

图9-5 测试屏幕效果图

(5) 一个测试点的测试过程：

测试点出现后，测试者要用拇指去按压测试点，此时PDA要判断测试者是否按到了测试点。

测试者动作正确，按到测试点以后，PDA记下3个数据：测试点的X坐标，测试点的Y坐标，测试点的反应时间。测试者如果超过3s还没有按到正确的位置，那么认为该测试点在可及范围以外，其反应时间以3s计。X坐标的取值范围是1～8，Y坐标取值范围为1～11，记录反应时间精度为0.01s。

测试者动作正确，动作成功的同时，PDA给出反馈信号，测试点及辅助线消失，发出按键音，向测试者表示动作已到位，准备下一个点的测试。

无论测试者的动作是否正确，动作时间是多少，在上一个测试点信号出现3秒以后，继续给出下一个测试点。

一组测试点完成以后，PDA会获得3×44个数据，形成一个数据串。每两个数据之间要用一个特定字符隔开（空格或者逗号），以TXT格式保存并传输到计算机，以便用SPSS进行数据统计与分析。

9.3.3.3 数据分析

综合所有男性测试者的实验数据，经过图像处理以后，我获得的拇指工效分布图如图9-6所示（已经经过X轴向反转处理，转化为以mm为单位的工效等参线图）：

图9-6中的计量单位为像素，触摸屏测试范围宽度为160像素，实际物理尺寸为55mm。所以上图转换为mm单位以后，男性拇指工效等参线图如图9-7所示（图中方格为10mm×10mm）：

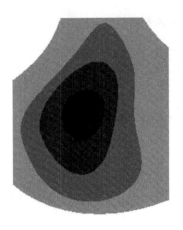

图9-6 男性拇指工效分布图

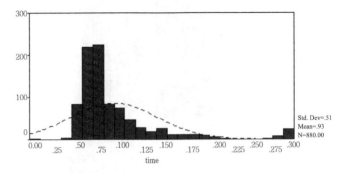

图9-9 运动反应时间综合统计（男性）

根据统计，有74.8%的测试点是在1秒以内完成动作，89.4%的测试点是在1.5秒以内完成动作的，这证明本实验设定的测试点间隔时间3秒是合适的。

工效分布的变化规律分析，如图9-10所示。

由实验得到的男性拇指工效等参线图的结果来看，拇指的最佳工效区域比较接近于预先的猜想，即靠近普通手机重心左侧位置略偏上的位置。

图9-10中还有另外一个明显的现象：拇指的工作效率随着远离1级区域而逐步降低，但不是常规的同心圆结构，而是呈现梨形分布，在不同的方向上工效下降的速度有明显的区别。如图9-11所示，在向左上、向右的方向上（图中实线箭头所示）工效下降得非常快，而在其他方向上的下降则不是很明显，下边和左上角还很容易形成大的控制盲区。

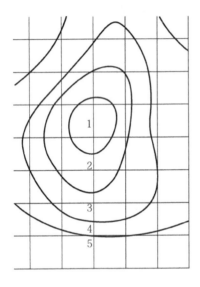

图9-7 男性拇指工效等参线图（单位：mm）

再加上PDA触摸屏与机身右边缘的间距10mm，PDA重心高度（相对与触摸屏下边缘）40mm，我们可以获得最终的男性拇指工效等参线图（如图9-8所示，已经标示出参考基准点的位置）。

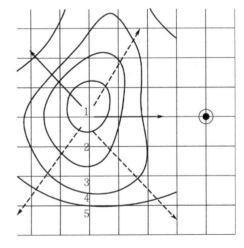

图9-10 男性拇指工效等参线图及其参考基准点

这种现象说明了拇指的运动特点，是拇指的侧偏运动明显比屈伸运动的速度更快，屈曲运动比伸张运动的速度快。工效分布图右边则是拇指各个关节（包括指掌关节）极端屈曲的位置，因此导致了工效迅速下降。

同比例对比目前的手机常用设计尺寸，可以得出结

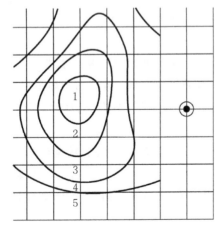

图9-8 男性拇指工效等参线图及其参考基准点

论：最佳的键盘位置是手机中段的左半边，其次是上部和中下部，下端工效水平最差（图9-11）。

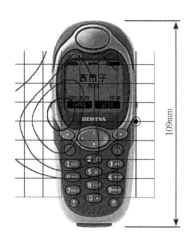

图9-11 西门子3618手机的键盘工效水平

对于目前的手机尺寸来说（长度9～12cm，宽度4～5cm），键盘布局工效整体上左边比右边好，中部和上部比下部好（以男性右手操作为例）。

9.3.4 基于人体工程学的手机概念设计基本思路

要解决目前手机的结构和键盘布局区域之间的矛盾，实际上就是要在手机机身范围内充分合理的利用空间资源的问题。解决空间矛盾，合理利用空间资源的一般性方法有：

（1）选择最重要的子系统，将其他子系统放在空间不十分重要的位置上。

（2）最大限度的利用闲置空间。

（3）利用相邻子系统的某些表面，或一表面的反面。

（4）利用空间中的某些点、线、面或体积。

（5）利用紧凑的几何形状，如螺旋线。

（6）利用暂时闲置的空间。

具体到手机设计的问题，有如下分析。

（1）选择最重要的子系统，将其他子系统放在空间不十分重要的位置上。如果将键盘的舒适度作为第一优先考虑要素，那么键盘就成为最重要的子系统（听筒和麦克风并不构成矛盾，在此不予考虑），可以考虑将键盘移到手机正面的中部偏上方，而这就意味着手机屏幕空间可能要转移到手机的下半部。

（2）最大限度的利用闲置空间。手机上的闲置空间主要有上、左、右三个侧面和背面，可以考虑利用其他手指或者手掌参与操作。同时，手机内部也属于闲置空间。

（3）利用相邻子系统的某些表面，或一表面的反面。控制键区和数字键区合为一体，以某种方式共用键盘，利用手机反面空间。

（4）利用空间中的某些点、线、面或体积。结构上的变化，突破现有的直板、翻盖、滑盖等结构形式，将手机底部动态加长，且加长部分是非键盘的功能子系统。

（5）利用紧凑的几何形状，如螺旋线。让键盘本身更紧凑，突破三列四行的长方形排列方式，在保证按键大小和键距的前提下，使键盘面积更小，更适应最佳拇指工效区域形状。

（6）利用暂时闲置的空间。采用动态变化的键盘。

9.3.5 基于人体工程学的手机键盘创新设计实例——侧面键盘

9.3.5.1 侧面键盘的概念：

侧面键盘并非是全新的概念，目前在手机上主要有两种应用：

（1）将特殊的功能键，比如音量键、录音键、拍照快门等安排在手机侧面，这种设计通常是出于人机因素的考虑，是不对称的设计。

（2）将12个数字键安排在手机两侧，例如西门子SX1型手机，这种设计通常与人机因素关系不大，是对称设计。

本文在此提出的侧面键盘与上述两种不同，主要是将控制键区转移到手机侧面，从而将手机正面中央空间让给数字键区。这样，一方面使键盘整体位置上移，更靠近拇指最佳工效区域。另一方面，还可以充分利用闲置的其他手指参与操作，分担拇指的一部分工作。

9.3.5.2 侧面键盘可行性分析：

（1）现在市场上的主流手机控制键区设计不论是怎样的形式，从本质上来说都可以归结为4～8个键（包括方向键在内）的控制。

（2）目前一般的手机数字键区过于靠下，因此在单手操作时，手机往往会离开手掌心的支撑，要靠除了拇指之外的4个手指来把握。在这种情况下，除了拇指之外的4个手指是不好直接利用的。如果数字键区能够上移，使手机在不离开手掌的情况下拇指能够自由控制整个数字键区，那么用其他四个手指控制侧面按键配合拇指工作是完全可能的。

（3）控制键区和数字键区的操作是相对独立的，也就是说用户要么是在控制键区连续操作，要么是在数字键区连续按键，在两者之间频繁跳跃的概率比较低。控制键区通常进行菜单操作，数字键区只负责输入。就按键频繁的中文信息录入操作而言，T9输入法解决了小型掌上设备的文字输入问题，已经成为全球手机文字输入的标准之一。目前诺基亚、西门子、松下、飞利浦等公司均支持此种输入法。T9输入法在选字的时候通常靠数字键,不像早期的输入法更多地依赖方向键来选择。数字键区和控制键区的相对独立性使得控制键区可以和数字键区脱离,分配到两个不同的界面上去。

综上所述,在手机侧面安排4个按键形成功能键区,靠拇指以外的4个手指控制,使数字键区更靠近手机正面中央的有利位置完全是可能的(图9-12、图9-13)。

9.3.5.3 侧面键盘设计要求与使用局限性:

(1)这种设计不太适合于正面宽度比较窄的手机。

(2)不对称性决定了使用这种设计的手机只能用右手(或者左手)操作。

(3)无名指和小指的运动灵活性远低于其他手指,因此侧面键必须设计得足够大才能保证操作效率。

(4)侧面键盘操作舒适的前提条件是数字键区的位置必须使拇指能够完全放松,否则会引起施力方向的矛盾,适得其反。简单的升高一点数字键区的位置并不足以达到这个要求,因此应该结合键盘(数字键区)在上,屏幕在下的结构变化设计,才能发挥侧面键盘的优点。此时,数字键区位于手机正面中上方,完全处在最接近于拇指最佳工效范围的区域之内。

(5)同样,由于侧面键盘操作舒适的前提条件是数字键区的位置必须使拇指能够完全放松,否则会引起施力方向的矛盾,适得其反。所以,侧面按键的位置不是手机正侧面,而是侧面靠后。

9.3.6 基于人体工程学的手机键盘创新设计实例——转换键设计

当前的键盘设计在布局问题上的矛盾核心是物理按键的数量太多,位置太靠下。如果屏幕的位置必须在手机上半部不能变,而且又要保证每一颗按键的平面大小足够的话,只有减少物理按键的数量。这样可以使键盘更集中,重心相对上移,缩小拇指尖的运动范围,从而提高其操作舒适度。

减少物理按键的方法之一就是采用转换键。

转换键设计的灵感主要来自于函数计算器和计算机键盘的设计。英文有26个字母,但是在计算机输入过程中有时要求有大小写的区别,计算机键盘的解决方法不是安排52个按键,而是安排了26个字母键和一个大小写切换键"Caps Lock"。这样,就靠软件的方法减少了物理按键的数量。从本质上说,就是通过增大背后的软件复杂程度,简化用户所接触的硬件界面。

用同样的思路,可以减少手机的按键数量,将控制键区和数字键区合为一体,共用一部分键盘。

图9-12 SONY KC700与侧面控制键概念1示意图

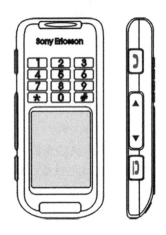

图9-13 侧面控制键概念2示意图

为了符合手机用户现在的使用习惯,避免由于不适应而导致的操作效率下降,转换键设计保留了完整的标准12数字键位,没有改变现行的4行3列矩形排列方式,而是加上一个转换键(类似于Caps Lock键)。

键盘的常态(待机状态)是现在使用率很高的六键控制形式:上下方向键、左右软键、拨号键和挂断键。当按一下转换键以后,数字键的上半区这6个按键就切换成了1~6的数字键。

再按一下转换键,数字键1~6又重新切换成了六键控制区。

另外,在常态下,下面两行7~#这6个数字键也可以考虑设置成特殊功能键(如英汉词典)。

在这种设计中,转换键是一个使用频率比较高的键,如果安排在手机正面和数字键位置在一起,用拇指来操作,那么就不能单独排在最下面。排在上面又会单独占据一行按键的空间,导致整个数字键区提高有限(只能提高一行)。

实际上,转换键并没有理由一定要和数字键一起安排在手机正面。结合前面充分利用手机侧面空间,让其他手指分担拇指的工作的设计思路，本方案将转换键设计成一个用食指或中指操作的侧面按键，使手机正面的键盘更简洁而有效。让其他手指代替拇指进行转换操作的另一个优点是能够提高操作的速度（图9-14）。

更进一步的，可以将侧面的转换键改进成为一个长条形的指压板。这样，拇指以外的任何一个手指都可以进行切换操作。这样的设计有两个大的优点：

（1）大大降低了手指操作的难度，使切换操作更方便、舒适和准确。

（2）这种特殊的侧面键设计对左右手都有效，图9-15中为了将手机设计成对称的形式，在右边使用了一个假键。

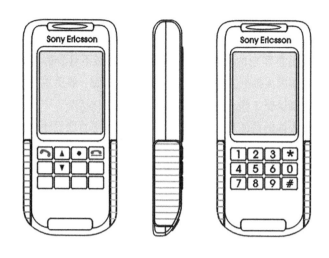

图9-16 转换键概念设计3——3行4列的数字键

3行4列设计的优点是键盘高度小，但是这样的设计一般适合于宽度比较大的手机。

使用转换键的设计时，要求手机然间能提供明确的信息反馈，让使用者知道键盘正处在什么样的状态下。比如，可以通过手机屏幕的不同显示来告诉使用者键盘的状态。

9.4 家具设计人体工程学——座椅

9.4.1 座椅设计概述

目前，大多数办公室人员、脑力劳动者、部分体力劳动者都采用坐姿工作。随着技术的进步，愈来愈多的体力劳动者也将采取坐姿工作，因而工作座椅设计和相关的坐姿分析日益成为人体工程学工作者和设计师们关注的研究课题。

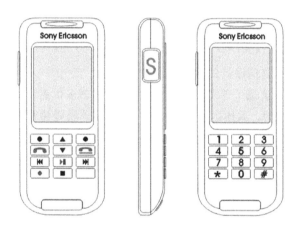

图9-14 转换键概念设计1——与侧面键的结合

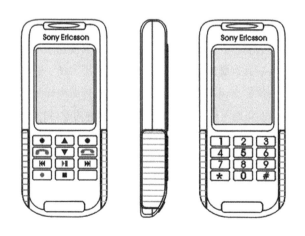

图9-15 转换键概念设计2——双工位指压板（影音娱乐手机）

另一种有效的转换键设计形式是将4行3列的数字键改成相对比较少见的3行4列。这样的话，最上面的1～2行数字键可以转换成4～8个控制键（图9-16）。

几千年来，座椅的形态在人们心目中已形成固定的模式：坐面和座腿，一部分座椅还有靠背和扶手。凳子经过不断改进，相继出现椅子、扶手椅、圈椅、高靠背椅、躺椅、沙发等。这些传统座椅的坐面呈水平状或略向后倾斜，一般后倾角度为3°～5°，躺椅座面的后倾角度大于2°，处于休息状态的人需要仰靠在椅背上，为防止下滑，坐面采取向后倾斜状态。坐面向后倾斜符合休息用椅的休息功能需要，但并不适合工作用椅的功能需求。尽管人类使用座椅很多年，但是对座椅的科学研究只是近些年来才开始，随着自动化程度的提高，越来越多的作业使用座椅，要设计出满足人的各种需要的工作椅就必须运用人体工程学的原理。考虑工作椅的各种不同功能，才能够真正满足人的生理与心理需求，达到最佳的工作状态。

当人处于坐姿工作时，一般情况下人的躯干向前倾斜。椅子坐面如果向后倾斜，显然有悖于功能要求。"办公人员是职业的坐客"，舒适的座椅是必不可少的。目前，国内大部分工作用椅（包括餐椅）的坐面一般呈水平状态，难以使工作人员达到最佳的坐姿和工作状态。下面是根据人体保持最有效或最舒适坐姿的工程学原理设计的几款不同功能的工作椅。

（1）秘书用椅子。秘书用椅子必须提供良好的控制姿势，所以椅子要可调节、可移动，椅面可以摇动；同时在干温的天气中，椅套（垫）要能够通风以避免流汗。这种椅子的设计可以减少一天工作中无谓的疲劳，使工作人员保持最佳的工作效率。此外，椅子上的可调整旋钮，因多为妇女使用，所需力量要合理，使用人员可以方便调节。

（2）办公用椅子。办公用椅子一般用来支撑办公人员于桌上办公以及较为轻松的说话姿势。其尺寸要比秘书用椅大，以保持较为轻松的运动，同时要设有扶手和椅面的调整钮，姿势的控制不重要，但这类办公用椅子要有移动性和摇动性。

（3）绘图用椅。一般来说，绘图用椅的上部与秘书用椅具有相似尺寸和形状。然而，这种椅子通常是与较高工作的绘图桌相配合，所以椅面较高，这种椅子除了用于坐姿外，也可用于站姿，以便绘图人员可以交换位置以使疲劳度变得最小。但这种椅子不可在椅脚上安装轮子。

（4）平衡椅。80年代，美国最佳设计中的平衡椅，就是设计师依据人体工程学的平衡原理设计出的一种有独创性的工作用椅（图9-17），坐面取3°角向前倾斜，并在膝前设置靠垫，人坐在平衡椅上，人体自然向前倾斜，这就保证人体脊柱与人在站立时的自然状态最接近。由于在臀部有支撑的同时，双膝也有支撑，人处于平衡稳定状态，人体重量分布在坐骨支撑点和膝支撑点上，使背部、腹部、臀部肌肉群全部放松，而且这种前倾坐姿与休息时间后靠的姿势完全不同，使人一坐在平衡椅上，就处于兴奋状态，易于集中精力，从而大大提高工作效率。平衡椅的优越性不仅于此，还符合人体工程学原理，利于人身健康。坐在平衡椅上，人体躯干略微前倾，脊柱最接近于站立时人体脊柱的自然状态，从而有效地预防脊柱锥弯曲。又因身体重量均匀分布在臀部、大腿和膝盖上，血液循环与神经组织不过分受压，有助于人体血液循环和呼吸的改善。

目前，我国的办公椅设计还停留在比较传统的结构上，对于人类工程学的因素考虑不够，座椅的设计不能完全满足人的生理和心理要求，长期下去会对人体产生严重损害，降低工作效率。所以设计座椅必须考虑人的因素，最大限度地满足人的需求。

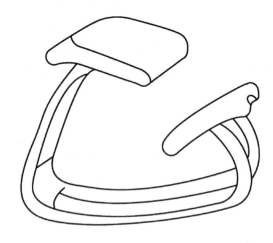

图9-17 平衡椅示意图

9.4.2 座椅设计的人体工程学原理

坐姿是一种人体的自然姿势。它有很多优点，例如当站立时，人体的足踝、膝部、臀部和脊椎等关节部位必须以静态肌力使之处于一定的位置，而当坐着时，这些肌力即可免除，减少了人体的耗能，不易产生疲劳。坐姿比立姿更有利于血液循环，人站立时血液和组织液会向腿部蓄积，坐时肌肉组织松弛，腿部血管内的流体静压力降低，血液流至心脏的阻力就会减少。座椅有助于操作者采取更为稳定的姿势完成各种精巧的动作，而且坐姿也是操作足踏式控制装置的较佳姿势。

虽然如此，坐姿在某些方面也存在缺点，其中最重要的是它限制了人体的活动性，尤其是在需要用手或手臂用力或从事具有旋转动作时，坐姿较立姿不方便。长期的坐姿对人体健康也不利。例如它会引起腹部肌肉松弛、脊柱不正常的弯曲，以及损害某些体内器官的功能（如消化器官、呼吸器官）等，而且坐姿也会在人体的主要支撑面上产生压力，长时间坐在硬质的座垫上，臀部局部受到压力，会有很不舒适的感觉等。

9.4.2.1 人体解剖学与坐姿理论

当人坐在座椅上时，支撑人体处于固定姿势的主要结构是脊柱、骨盆和腿足等。脊柱纵行于躯干的背侧正中线，由33块重叠的圆柱状的椎骨组成，并由为数复杂的肌腱和介于其间的软骨所结合。脊柱通常分成4部分，从上到下依次为7块颈椎、12块胸椎及5块腰椎，下接5块骶椎和4块尾椎。从座椅的设计观点而言，腰椎和骶椎两部位最为重要，因为这些椎骨和介于其间的椎间盘，附着于其上的肌肉、肌腱和韧带等,是承受坐姿时人体的大部分体重负荷。从脊柱的前后方观察,正常的形状呈垂直线状,侧观则可见其弯曲形态。顶端颈椎部位曲线向前弯称为前凸,接于其下的胸椎部位曲线向后弯称为后凹,最后腰椎部位又再向前凸出,终止于向后弯的骶骨与尾骨,并定位于骨盆上(图9-18)。

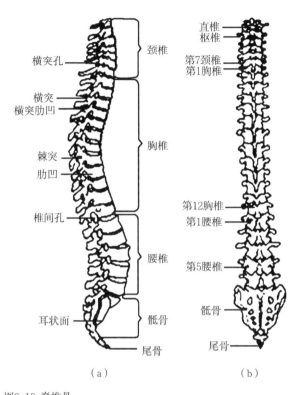

图9-18 脊椎骨
(a)侧面;(b)后面

所谓良好的坐姿,其必要条件是能够产生最适当的压力分布于各脊椎骨之间的椎间盘上和最适当、最均匀的静负荷量分布于所附着的肌肉组织。如果人体必须以一种违反脊柱的自然形态坐在椅子上,则椎间盘上可能分布不正常的压力负荷,时间一长腰部就会产生不适感。以X光照片研究人体处于各种不同姿势下(包括立姿、躺姿、坐姿等34种)腰椎所产生的曲线变化,躯干前倾的姿势会使向前凸出的腰椎拉直,导致其向后弯曲,继续此种姿势,将影响胸椎和颈椎的正常曲度,最后演变成驼背姿势。持续较长时间,支撑头部负荷的肌肉组织内静态肌力增大,颈部和背部产生疲劳。当背部从直立的坐姿转变成驼背姿势时,骨盆因与骶骨相连,也会作相对的旋转动作。因此在进行座椅设计时,必须考虑坐者这种变换坐姿的动作,当躯干前倾或后仰时,骨盆的上端和骶椎后层面需要有所支撑,以避免其旋转。

9.4.2.2 坐姿行为分析

人坐在椅子上,并非静止不动,而是不断地调整着坐姿的细微动作,以消除脊柱部位的不正常压力,这即为坐姿行为。同时脊柱并非是唯一的重要结构,腿和骨盆同样重要,这两个部位在稳定人体的功能上,被看作是简易的机械杠杆支撑系统。

坐时人体的臀部部位(骨盆)就像是一个不稳定的倒立三角形,与座面接触的仅是两块圆形的骨头。即坐骨结节,其上有很少的肌肉。人体大约75%的体重由这25cm^2的坐骨结节和位于其下的肌肉来支撑,因此足以产生压力疲劳。就生理学观点而言,压力疲劳会使血液循环至毛细血管的压力降低,影响到皮肤屑的神经末梢,导致痛楚麻木等感觉。

人体大部分的重量承载于坐垫上这两点,这种系统在力学上很不稳定,而且直立坐姿时,人体重心偏离了坐骨结节的垂线(在肚脐前方约2.5cm处),结果使这种不稳定程度增加。此时只有增加腿与足提供的杠杆作用,才能使这种系统趋于稳定。例如,交叉双腿是一种普遍的固定系统方式,将双臂依靠在桌面上、头部依俯在扶手上的手臂等均是。所有这些平衡作用形成了一种很复杂的力学系统,使得人体在水平和垂直面上均产生出动作。人体若长时间(约4小时以上)不活动,控制血液流量的生理机能就会衰退,循环到臀部毛细血管的血液降低。此种现象伴随着施加于肌肉的压力负荷不断增加,压力疲劳随之来临。不过,如果人体所有的主要构件能定期地活动,就能延迟这种疲劳来临。这是因为改变了负荷状况,肌肉变换伸张或收缩适应了新的重力状况。当坐有椅垫的座面上对,其结果并无多大改变。

研究结果表明,两个相互对立的需求条件,即一方面人坐在椅子上需要经常改变坐姿以消除不当的压力分布,另一方面则需维持并积极寻求身体的稳定。要使两者互适,可以用一种姿势的原状恒定理论来说明。所谓原状恒定来自于生理学名词,它是指人体内有关的自律调节功能,最常见的是人的体温调节功能。体内原状恒定的活动具有自动性特征,并非有意的或意识内的控制,只有激烈的状况改变出现后,才能感觉出这种活动力。姿势改变的活动力可看作与自动调节相同的理论,而姿势原状恒定则是一种使人体坐姿在稳定和变动两者之间取得折衷的过程。如此。坐姿行为将具有无活动力和有活动力两者相互循环的特征,以显示其改变寻求稳定性和变动性的现象。因此,一张有效舒适的椅子必须能适应这些原状恒定需求,使坐者人体取得稳定性和可变性。

9.4.2.3 工作椅的人体工程学因素

坐姿改变了以脚支撑全身为以臀部支撑全身的状况，有利于发挥脚的作用。当然，坐姿不正确、座椅设计不合理，会给身体带来严重损害。所以座椅设计要充分考虑对人的生理影响。座椅可分为：工作椅、休闲椅、多功能椅。本文仅就工作椅的设计进行探讨。工作椅的设计包含着非常广阔的范围——从最简单的工作台或椅子到最精细、可调整的座椅。适当的座椅设计可以减少疲劳，提高生产效率和节省时间与劳力。反之，不良的座椅会使精神不振以及影响到设备操作的容易，使工作效率减低。

设计座椅应考虑以下各项原则：

(1) 工作椅的设计，应提供操作人员在操作时的身体支撑。

(2) 座椅的设计要使操作人员工作顺利。椅子要有适当的尺寸，其高度和位置可以调整到适合各种大小不一的人使用。

(3) 座椅应能够适当地支撑住身体，以避免不良的姿势，同时身体的重量能够均衡地分布在椅面上。

(4) 在不影响手的个别动作时，座椅应有扶手，同时也要有脚踏座，以维持较好的座椅到脚停止位置的距离。

9.4.3 座椅设计的一般原则

从以上讨论，可以得出座椅设计的一般原则：

(1) 座椅的形式和尺度与坐的目的或动机有关。

(2) 座椅的尺度必须与相对的人体值配合。

(3) 座椅的设计必须能提供坐者有足够的支撑与稳定作用。

(4) 座椅的设计必须能使坐者改变其姿势，但其椅垫必须足以防止坐姿行为中的滑脱现象。

(5) 靠背，特别是在腰部的支撑，可降低脊柱所产生的紧张压力。

(6) 座垫必须有充分的衬垫和适当的硬度，使之有助于将人体的压力分布于坐骨结节附近。

考虑到坐的动机，座椅可简单地分成三种：

(1) 用于休息目的，设计重点在于使人体获得最大的舒适感，因此要判定这种座椅的设计是否有效合理，应以人体的压力感觉是否减至最小，以及人体任何部位的支撑结构只有最小的不舒适等为评判基准。

(2) 各种作业场所的工作用椅，稳定性是其首要考虑因素，腰部必须有正确的支撑，而且体重分布在座垫上。

(3) 多用途椅，常用学多方面的目的，例如可能与桌子配合使用，有时用它工作，或者用作备用椅常常需要收藏起来。

9.4.3.1 座椅座高

正确的座高应使坐者大腿保持水平，小腿垂直，双腿平放在地面上。这是因为大腿底部的柔软肌肉并不适合承受过度的压力，坐垫前端所受的压力常使人感到很不舒适。当腿短的人坐在比他的小腿还高的坐面上时，双腿常需悬空，双脚无法平贴地面，坐垫前端压迫大腿底部，妨碍血液循环，导致小腿麻木。建议坐垫前端应比人体膝窝高低约5cm，而且使膝窝感受不出压迫感，坐垫前端宜有半径2.5~5cm的弧度。但坐面太低对腿长的人也不合适，同时因骨盆后倾，致使正常的腰部曲线为之伸直，导致腰酸背痛。休息用椅、工作用椅、多用途椅三者的座高值，其设计原则互不相同，主要原因在于使用的功能互有差异。休息用椅需使腿部能向前方舒适地伸展，这种姿势对腿部而言是一种较佳的松弛方式，而且也有助于身体稳定。而对工作用椅而言，人体通常需以较直立式姿势且双脚平放在地面，其座高宜比休息用椅稍高。许多研究认为，工作用椅的座高宜设定为可调整式的，以适应多数人使用。因此，休息用椅座高宜为38~45cm，工作用椅座高为35~50cm。

9.4.3.2 座椅座宽

座宽的设定必须适合于身材高大者，其相对应的人体测量值是臀宽。这种人体尺寸值受性别的差异影响较大，座宽宜采用较高百分位的女性测量值为设计依据。对于排列成行的座椅，例如礼堂用的观众座席，其座宽则应以两肘间的距离为基准，如此人体才不致压迫感。因此，座椅座宽宜为38~48cm。

9.4.3.3 座椅座深

正确的坐姿使坐者人体容易寻求到合适的腰椎支撑。如果座深尺寸值超过身材较小者的大腿长，即臀部至膝窝距离，坐面前缘将压迫到膝窝的压力敏感部位，使坐者人体为使躯干达到靠背的支撑面而改变腰部曲线，或向前滑坐，导致骶椎与腰椎无靠背支撑而呈不良坐姿。就工作用椅而言，它的使用者分布很广，其座深可取身材较矮小者人体测量值作为设计依据。身材高大者，其唯一的不利因素在于其双膝略微露出坐面前端而已，只要设定的座高使双腿能平放在地面上，就不至于在大腿底部引起压力疲劳。因此，休息用椅座深可为42~45cm；工作用椅座深为30~40cm。

9.4.3.4 座椅坐面角度

坐面角度应以与坐垫水平夹角衡量。坐垫后倾有两种作用：首先由于重心力，躯干会向靠背后移，使背部有所支撑，降低背部肌肉的静态肌力；其次在长期的坐姿下，坐垫后倾以防止臀部逐渐滑出坐面。对坐于不同靠背角度座椅的人体，采用肌电图（EMG）测量其背部肌肉所引发的活动力引，结果显示具有与正中垂直线呈20°的靠背倾斜可获得良好的背部支撑。然而，就座椅功能和坐的动机而言，休息用椅和工作用椅的坐面角度有很大的差异。坐于休息椅的目的是让身心松弛，当然最佳的松弛状态是身体躺下呈水平式的姿势，而后倾的坐垫面有助于维持类似姿势。但工作用椅目的在于获得一种使它很容易接近于前方工作区的姿势，后倾的坐面使坐者必须以躯干向前的姿势工作，脊柱形成了不正常弯曲。大部分工作需要以人体躯干朝前弯曲的姿势来进行，前倾式的坐面符合这种条件。而坐在坐面后倾即使只有5°的工作椅上，也会引起腰部曲线拉直而产生不舒适感。通过5种坐垫角度和不同坐姿的组合，测量坐在椅子上的人体在坐面上的压力分布以及背部肌肉被拉伸的程度，结果显示坐在前倾5°的坐面比坐在后倾式者有较少的肌肉伸张，而坐面压力分布更为均匀。工作椅的坐面如果为前倾式，必须设置有弹性坐垫，否则前倾式的坐面会降低身体稳定性，增加向前滑动的可能。此外在这种情况下，靠背支撑的必需性不太明显，因而人体其他部位的肌肉必须产生较大的作用力，以平衡背部肌肉所减少的负荷。

9.4.3.5 座椅靠背高度与宽度

座椅的设计必须提供正确的腰部曲度，使脊柱处于自然均衡状态。由于无靠背或不正确的背部以致产生脊柱后凸的姿势，使两椎骨间产生过度的压力；具有正确的腰部支撑形成的脊柱前弯姿势，是一种合乎自然的姿势。这种姿势可由两种座椅设计条件获得：一种是考虑面与背之间的角度；另一种是必须正确地支撑腰椎部位。成年人腰部前弯曲率厚度约为1.5～2.5cm，纵向弧度约为25cm半径，中心位置约在座面上方23～26cm处，而腰椎的支撑点位置则应稍高一些，以达到支撑人体背部重量的目的。靠背的尺寸与臀部底面到肩部的高度及肩宽有关，其高度尺寸值如有坐垫椅面时，必须取自人体坐定受压后的坐面。然而靠背的线性尺寸值只是靠背设计问题的一部分，靠背的功能主要是维持一种避免疲劳的松弛式脊柱姿势，因此其形状和角度才是最重要的。每个人的脊柱曲率形态有很大的差异，因而靠背高度和形状之间的关系也就更为复杂。为了配合落坐时人体向后突出的骶骨和臀部柔软的需要，同时又要使腰部能坚实地配合在靠背上，学者建议，在坐垫正上方的靠背必须有一开口区域或向后倾斜退缩，其高度空间至少为12.5～20cm。此外，高靠背对于某些工作（例如打字），可能会妨碍到手臂和肩膀的动作，此时则应采用支撑腰部区域的低矮式靠背。因此，必须根据使用场合采用不同的靠背高度，取值范围宜为46～61cm；靠背宽为35～48cm。

9.4.3.6 座椅靠背角度

与坐垫角度相同，为了防止人体坐姿向前滑动和引导腰弯部位（包括骶椎）依靠在靠背上，设计时必须考虑靠背与坐垫之间的角度。从人体脊柱形状而言，靠背角度在115°较为合适，接近自然的腰部形状。不过也有人主张比直角稍大的95°～100°，可使人获得较佳的舒适感。琼斯（Jones）用一种能调节高度的汽车用椅，让坐者以不同的坐姿研究了姿势与舒适的关系。经过研究，他建议最佳的靠背角度是108°，格蓝德·琼斯（Grand Jeans）在研究了各种不同场合休闲用椅的最佳靠背角度设定后，建议阅读时最佳的角度是101°～104°，而纯粹为了放松身心的休闲椅的最佳角度为105°～108°。

9.4.3.7 座椅扶手高度

座椅设计常需考虑扶手，除非人体活动时，扶手会妨碍到躯干、肩部和手臂的括动性。扶手的主要功能在于使手臂有所依靠，使人体处于较稳定的状态。它也作为改变坐姿和从座椅上站起等动作的支柱，在某些依靠手指的控制操作中，它也常被用作稳定装置的代用品。扶手不可设定太高。太高的扶手使肩膀高耸成圆状，肩部与颈部的肌肉拉伸，产生僵硬痛苦；而太低的扶手则使手肘支撑不良，导致弯腰或使躯干斜向一侧等。扶手高度扶手不宜太高，以免引起肩部酸痛。休息扶手高度一般取200～230mm，两扶手的间距可取500～600mm。运输工具中两扶手间距一般取400～500mm。

9.4.3.8 座椅椅垫

布朗托（Branton）和格雷森·E（Grayson·E）的研究报告强调了椅垫的重要性。他们以观察方式研究了两种形式的火车座椅（较柔软和较坚实座椅），当分析比较乘客坐在椅子上产生局促扭动的动作及维持稳定姿势不动的时间后，发现坐在较坚实椅垫上的乘客比坐于柔软椅垫的乘客为佳。椅垫具有两种重要功能，首先它有助于将坐骨结节和臀部的体重所产生的压力予以分散，若此种压力无法排除则会引起不舒适甚至疲劳感等；其次它使身体采取一种稳定的姿势，将身体凹陷入椅垫并予以支撑。不过布朗托提出椅垫不可太柔软。当人体坐在柔软椅垫上，在排除压力的同时，很容易产生使整个身体无法得到应有的支撑，从而产生坐姿不稳定的感觉。人体在休闲椅的柔软材质上只有双脚依靠在坚实的地面上才有稳定感。因此，弹力太大的座椅非但无法使人体获得依靠，甚至由于需要维持一种特定姿势，而使肌肉内应力增加，导致疲劳产生。当人体坐在由柔软的布套、垫物、弹簧等构成的椅垫，人体臀部和大腿会深深地凹陷入坐垫内，全身受坐垫的接触压力，不便调整坐姿，排除压力的效率也差。另外，人体长时间坐在柔软的椅垫物上，需要通过肌肉的收缩作用以维持坐姿稳定，所以坐垫不可太柔软。

本章思考题

（1）试述人体工程学学科与设计学科的关系。

（2）产品设计中人机工程的方法？

（3）座椅设计的一般原则有哪些？

（4）工作椅设计：根据人体尺寸及椅子设计原则，分析目前学生用椅的缺点，设计一种适合学生用的椅子。请注意：你可以根据自己的兴趣，设计其他椅子。

（5）根据手握工具的设计原则，设计一种新型鼠标，并说明其设计根据。

第10章 室内环境设计与人体工程学

10.1 室内设计常用人体尺寸

10.1.1 身高

定义：身高是指人身体直立、眼睛向前平视时，从地面到头顶的垂直距离（图10-1）。

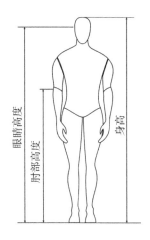

图10-1 人体站立各尺寸

应用：身高数据用于确定通道和门的最小高度。一般建筑规范规定的和成批生产制作的门和门框高度都适用于99%以上的人，所以身高数据对于确定人头顶上的障碍物高度更为重要。

注意：身高是不穿鞋测量的，故在使用时应给予适当补偿。

百分点选择：主要的功能是确定净空高，所以应选用高百分点数据。顶棚高度一般不是关键尺寸，所以设计时应考虑尽可能地适应100%的人。

10.1.2 眼睛高度

定义：眼睛高度是指人身体直立，眼睛向前平视时，从地面到内眼角的垂直距离（图10-2）。

应用：眼睛高度数据可用于确定剧院、礼堂、会议室等处人的视线，用于布置广告和其他展品，还可用于确定屏风和开敞式大办公室内隔断的高度。

注意：数据是不穿鞋测量的，故在使用时应给予适当补偿，即加上鞋的高度。男子大约需加2.5cm，女子大约需加7.8cm。数据应与脖子的弯曲和旋转以及视线角度等资料结合使用，以确定不同状态、不同头部角度的视觉范围。

百分点选择：百分点的选择取决于关键因素的变化。如果设计的隔断或屏风的高度，需要保证隔断后面人的私密性要求，那么隔离高度就与高百分点人的眼睛高度有关（第95百分点或更高）；反之，如果设计的隔断或屏风的高度，允许人看到隔断里面，则隔断高度应考虑低百分点人的眼睛高度（第5百分点或更低）。

10.1.3 肘部高度

定义：肘部高度是指从地面到人的前臂与上臂接合处可弯曲部分的距离（图10-1）。

应用：对于确定柜台、梳妆台、厨房案台、工作台以及其他站着使用的工作台面的舒适度，肘部高度数据是必不可少的。通常，这些台面的高度都是凭经验估计或是根据传统做法确定的。然而，通过科学研究发现，最舒适的高度是低于人的肘部高度7.6cm。另外，休息台面的高度应该低于肘部高度大约2.5~3.8cm。

注意：确定上述高度时必须考虑活动的性质。

百分点选择：假定工作台面高度确定为低于肘部高度约7.6cm，那么从96.5cm（第5百分点数据）到111.8cm（第95百分点数据）的范围都将适合中间的90%的男性使用者。考虑到第5百分点的女性肘部高度较低，这个范围应为88.9~111.8cm，才能对男女使用者都适应。当然其中包含许多其他因素，如特别的功能要求或每个人对舒适高度的见解不同等等，所以这些数值也只是假定推荐的。

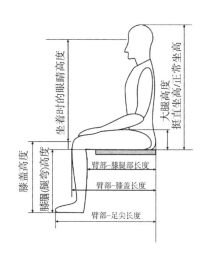

图10-2 人体坐高各尺寸

10.1.4 挺直坐高

定义：挺直坐高是指人挺直坐着时，座椅表面到头顶的垂直距离（图10-2）。

应用：挺直坐高数据用于确定座椅上方障碍物的允许高度。进行节约空间设计时，例如在布置双层床时，例如利用阁楼下空间时，都要根据挺直坐高这个关键尺寸确定其高度。确定办公室或其他场所的低隔断、餐厅和酒吧里的火车座隔断时也要用到这个尺寸。

注意：座椅的倾斜、椅垫的弹性、衣服的厚度以及人坐下和站起来时的活动都是需要考虑的重要因素。

百分点选择：由于涉及间距问题，一般采用第95百分点的数据。

10.1.5 正常坐高

定义：正常坐高是指人放松坐着时，座椅表面到头顶的垂直距离（图10-2）。

应用：正常坐高数据用于确定座椅上方障碍物的最小高度。进行节约空间设计时，例如在布置双层床时，例如利用阁楼下空间时，都要由挺直坐高这个关键尺寸确定其高度。确定办公室或其他场所的低隔断，餐厅和酒吧里的火车座隔断时也要用到这个尺寸。

注意：座椅的倾斜、椅垫的弹性、衣服的厚度以及人坐下和站起来时的活动都是需要考虑的重要因素。

百分点选择：由于涉及间距问题，一般采用第95百分点的数据。

10.1.6 眼睛高度

定义：人端坐时的眼睛高度是指人的内眼角到座椅表面的垂直距离（图10-2）。

应用：确定视线和最佳视区要用到这个尺寸，这类设计对象包含剧院、礼堂、教室和其他需要有良好视听条件的室内空间。

注意：应该考虑头部与眼睛的转动范围、椅垫的弹性、座椅面距地面的高度和可调整座椅的调节范围。

百分点选择：如果有适当的可调节性，就能适应从第5到第95百分点或者更大的范围。

10.1.7 肩高

定义：肩高是指从座椅表面到脖子与肩峰之间的肩中部位置的垂直距离（图10-3）。

应用：肩高数据大多用于比较紧张的工作空间的设计中，很少被室内设计师所使用。但在设计那些对视觉听觉有要求的空间时，这个尺寸有助于确定出妨碍视线障碍物的高度。

注意：要考虑椅垫的弹性。

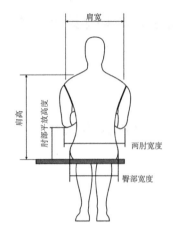

图10-3 挺直坐各尺示意

百分点选择：由于涉及间距问题，一般采用第95百分点的数据。

10.1.8 肩宽

定义：肩宽是指两个三角肌外侧的最大水平距离（图10-3）。

应用：肩宽数据可用于确定桌子旁边座椅的间距，影剧院、礼堂中的排椅的座位间距，也可用于确定公用和专用空间的通道间距。

注意：要考虑衣服的厚度，薄衣服加7.9cm，厚衣服加7.6cm。还要注意，由于躯干和肩的活动，两肩之间所需要的空间会加大。

百分点选择：由于涉及间距问题，一般采用第95百分点的数据。

10.1.9 两肘宽度

定义：两肘宽度是指两肘屈曲，自然靠近身体，前臂平伸时两肘外侧面之间的水平距离（图10-3）。

应用：两肘宽度数据可用于确定会议桌、报告桌、柜台和牌桌周围座椅的位置距离。

注意：应与肩宽数据结合使用。

百分点选择：由于涉及间距问题，一般采用第95百分点的数据。

10.1.10 臀部宽度

定义：臀部宽度是指臀部最宽部分的水平尺寸，也是下半部躯干的最大宽度（图10-3）。

应用：臀部宽度数据对于确定座椅内侧尺寸和设计酒吧、柜台和办公座椅都很关键。

注意：根据具体条件，与两肘宽度和肩宽数据结合使用。

百分点选择：由于涉及间距问题，一般采用第95百分点的数据。

10.1.11 肘部平放高度

定义：肘部平放高度是指从座椅表面到肘部尖端的垂直距离（图10-3）。

应用：与其他数据和考虑因素联系在一起，用于确定椅子扶手、工作台、书桌、餐桌和其他特殊设备的高度。

注意：椅垫的弹性，座椅表面的倾斜以及身体姿势都要注意。

百分点选择：肘部平放高度既不涉及间距问题，也不涉及伸手够物的问题，其目的只是能使手臂得到舒适的休息。选择第50百分点左右的数据是合理的，在许多情况下，这个高度在14～27.9cm之间，这个范围可以适合大部分使用者。

10.1.12 大腿厚度

定义：大腿厚度是指从座椅表面到大腿与腹部交接处的大腿端部之间的垂直距离（图10-2）。

应用：大腿厚度数据是设计柜台、书桌、会议桌、家具和其他一些室内设备的关键尺寸。这些设备都需要把腿放在工作面下面，特别是有直拉式抽屉的工作面，要使大腿与大腿上方的障碍物之间有适当的间隙。

注意：膝腘高度和椅垫的弹性。

百分点选择：由于涉及间距问题，一般采用第95百分点的数据。

10.1.13 膝盖高度

定义：膝盖高度是指从地面到膝盖骨中点的垂直距离（图10-2）。

应用：膝盖高度数据是确定从地面到书桌、餐桌、柜台、会议桌底面距离的关键尺寸，这些设备使用者需要腿放在工作面下面。坐着的人与家具底面之间的靠近程度，决定了膝盖高度和大腿厚度是否是关键尺寸。

注意：要同时考虑座椅高度和椅垫的弹性。

百分点选择：由于涉及间距问题，一般采用第95百分点的数据。

10.1.14 膝腘高度

定义：膝腘高度是指人挺直坐着时，从地面到膝盖背后的垂直距离（图10-2）。

应用：膝腘高度数据是确定座椅面高度和座椅前缘的最大高度的关键尺寸。

注意：要注意椅垫的弹性。

百分点选择：确定座椅高度，宜采用第5百分点的数据，因为如果该高度能适应小个子，也就能适应大个子。座椅太高，大腿受到的压力会使人不舒服。

10.1.15 臀部-膝腿部长度

定义：臀部-膝腿部长度是指由臀部最后面到小腿背面的水平距离（图10-2）。

应用：臀部-膝腿部长度尺寸主要用于座椅设计中，尤其适用于确定腿的位置、确定长凳和靠背椅等前面的垂直面以及确定椅面的长度。

注意：要考虑椅面的倾斜度。

百分点选择：宜采用第5百分点的数据，这样能适应更多的使用者，如果选用第95百分点的数据，则只能适合臀部-膝腿部长度较长的人，而不适合臀部-膝腿部长度较短的人。

10.1.16 臀部-膝盖长度

定义：臀部-膝盖长度是从臀部最后面到膝盖骨前面的水平距离（图10-2）。

应用：臀部-膝盖长度数据用于确定椅背到膝盖前方的障碍物之间的适当距离，如影剧院、礼堂和客车的固定排椅设计。

注意：臀部-膝盖长度比臀部-足尖长度要短，所以如果座椅前面没有放置足尖的空间，就应该应用臀部-足尖长度。

百分点选择：由于涉及间距问题，一般采用第95百分点的数据。

10.1.17 臀部-足尖长度

定义：臀部-足尖长度是从臀部最后面到脚趾尖端的水平距离（图10-2）。

应用：臀部-足尖长度数据用于确定椅背到膝盖前方的障碍物之间的适当距离，如影剧院、礼堂和客车的固定排椅设计。

注意：如果座椅前面有放脚的空间，而且间隔要求比较重要时，就可以使用臀部-膝盖长度来确定合适的间距。

百分点选择：由于涉及间距问题，一般采用第95百分点的数据。

10.1.18 垂直手握高度

定义：垂直手握高度是指人站立，手握横杆，然后使横杆上升到不至于使人感到不舒服或拉得过紧的限度为止，此时从地面到横杆顶部的垂直距离（图10-4）。

应用：垂直手握高度数据用于确定开关、控制器、拉杆、把手、书架、衣帽架等的最大高度。

注意：垂直手握高度尺寸是不穿鞋测量的，故在使用时应给予适当补偿。

图10-4 垂直手握高度示意

百分点选择：由于涉及伸手够东西的问题，就应该采用低百分数的数据以适应小个子，也能适应大个子。

10.1.19 侧向手握距离

定义：侧向手握距离是指人直立，右手侧向平伸握住横杆，一直伸展到没有感到不舒服或拉得过紧的位置，此时从人体中线到横杆外侧面的水平距离（图10-5）。

应用：侧向手握距离数据有助于确定开关等装置的位置。如果使用者是坐着的，尺寸可能会有所变化，但仍能用于确定在人侧面的书架位置。

注意：如果涉及的活动需要使用专门的手动装置、手套或其他某种特殊设备，都会延长使用者的一般手握距离，对于这个延长量应予以考虑。

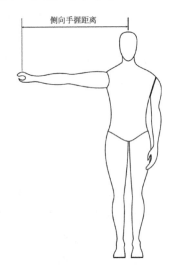

图10-5 侧向手握距离示意

百分点选择：主要是确定手握距离，应能够适应大多数人，所以一般选用第5百分点的数据。

10.1.20 向前手握距离

定义：向前手握距离是指人肩膀靠墙直立，手臂向前平伸，食指与拇指尖接触，这时从墙壁到拇指梢的水平距离（图10-6）。

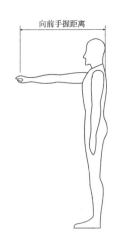

图10-6 向前手握距离示意

应用：当人们需要越过某种障碍物去接触某物体或者操纵某设备时，该数据可用来确定障碍物的最大尺寸。

注意：要考虑操作或工作的特点。

百分点选择：同侧向手握距离相同，应能够适应大多数人，所以一般选用第5百分点的数据。

10.2 人体动作空间

人的动作空间主要分为两类：一是人体处于静态时的肢体活动范围（作业域）；二是人体处于动态时的全身的动作空间（作业空间）。

10.2.1 肢体活动范围

人体的结构尺寸和功能尺寸，都是相对静止的某一方向的尺寸，而实际生活中的人是处于活动状态中的，总是处在一定的空间范围之内。因此在布置人的工作作业环境时，我们需要了解肢体的活动范围，肢体活动范围是由肢体转动角度和肢体长度构成的。

在工作和生活中，人们的肢体做着各种各样的活动，这些肢体活动所划出的限定范围就是肢体的活动空间，它包括肢体活动角度和肢体长度，实际上就是人在某种姿态下肢体所能触及的空间范围。因为肢体活动范围常常被用来解决人们在各种作业环境中的问题，所以也称被为"作业域"。

卧室床柜间距的计算方法，如图10-7，表10-1所示。

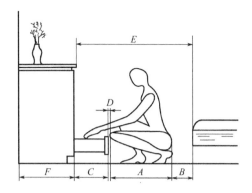

图10-7 卧室床柜间距示意

卧室床柜间距尺寸（mm） 表10-1

A	B	C
臀膝距	人后的余量	抽屉抽出距离
男子95百分位数的臀膝距+穿衣修正量		大于抽屉深度的2/3
610	80~150	350
D	E	F
抽屉膝盖间距	床柜间的间距	柜子的进深
能避免磕碰	A+B+C+D	
50~80	1090~1190	540

10.2.1.1 肢体活动角度

在解决某些如视野、踏板行程、拉杆的角度等的问题上，肢体活动角度十分有用。但在很多情况下人的活动不止是单一关节的运动，而是协调的多个关节的联合运动，所以单一的肢体活动角度还不能解决所有问题。

肢体活动角度分为轻松值、正常值和极限值，分别用于不同的场合。轻松值主要用于经常性的使用频率高的场所。极限值则常用于使用频率低，但涉及安全或限制的场所。

10.2.1.2 肢体活动范围

肢体活动范围就是人的肢体围绕关节转动而划出的范围，也就是肢体活动所占用的空间范围，它由活动角度和肢体长度构成。

人在工作中有着各种姿态，他们的动作空间均不同。在工作台、机器前操作时，人最常使用的是上肢，这时的动作在某一限定范围内呈弧形。范围内形成包括左右水平面和上下垂直面动作范围的领域，叫做人的作业域。而由作业域扩展到人机系统所需要的最小空间叫做作业空间。一般来说，作业域包括在作业空间中，作业域是二维的，作业空间是三维的。人们工作时的姿态不同，作业域也不同。通常可以归纳为基本的四种姿势：站、坐、跪和躺。

作业域研究对室内设计来说相当重要，在很多非工业工作或日常生活场所设计中，如果不考虑作业域的概念，将会影响工作效率和使用舒适程度。

10.2.1.3 手脚作业域

左右水平面和上下垂直面作业域的边界是人在站立或坐姿时手脚所能达到的范围，使用时一般用比较小的尺寸，以便满足多数人的需要。

（1）水平作业域

水平作业域是人在台面上手臂左右运动而形成的轨迹范围。手尽量向外伸所形成的区域叫最大作业域；手臂自然放松运动所形成的区域叫通常作业域。水平作业域对于确定台面上各种设备、物品的摆放位置还是很有用的，如收款机、计算机工作台、绘图桌等。例如鼠标、键盘等手活动频繁的活动区，应该安排在通常作业域内，而从属于这类活动的物品则应该安排在最大作业域内。以桌子为例，如果只考虑一般的手臂活动范围，桌子深度40cm就够了，但实际上还需要摆放其他用具，因此实际的桌子深度远不止40cm。

（2）垂直作业域

垂直作业域是手臂伸直，以肩关节为轴作上下运动所形成的范围，用于决定人在某一姿态时手臂触及的垂直范围，如搁板、门拉手等。

1）摸高：指手举起时所达到的高度。垂直作业域与摸高是设计各种框架和扶手的依据，框架和扶手的经常使用部分应该在这个范围内。此外，拿东西和操作时通常还需要眼睛的引导。一般来说，架子的高度男性不得超过150~160cm，女性不得超过140~150cm。

2）拉手：东西伸手就能拿到是最方便的，这也和提高工作效率有关。人们可以一伸手毫不费力地抓到的东西之一就是拉手，拉手的位置与身高有关。但是因为拉手的使用者年龄、身材相差悬殊，往往不容易找到唯一的、合适的位置。因此，有的门上会装有两个拉手以供成人和儿童使用。有人用磁铁对拉手的位置进行了实验，结果最适合的高度在90~100cm；一般办公室等公共场所拉手高度为100cm，家庭用为80~90cm，小学、幼儿园则更低。

10.2.1.4 影响作业域的因素

（1）活动空间内是否有工作用具；

（2）需要保持一定的活动行程；

（3）手的操纵方式是持着载荷还是移动载荷；

（4）并非任何地方都是能触及目标的最佳位置。

10.2.2 人体活动空间

现实生活中人们并非总保持一个姿态，人体本身也会随着活动的需要而移动，这种姿势变换和人体移动所占用的空间将大于作业域。作业域中的人是保持着某种静态姿势的，而人体活动空间（也叫作业空间）讨论的则是人的肢体究竟可以伸展到何种程度的范围。人体活动可分为静态手足活动、姿态变换和人体移动，还有与人体活动相关的物体。

10.2.2.1 静态手足活动

人体静态的手足活动可归纳为四种基本姿态：立位、坐位、跪位和卧位，每个姿态对应一个尺寸的人群。当人采取某种姿态时即占用了一定的空间，通过对基本姿态的研究，我们可以了解人在一定的姿态时手足活动所占用空间的大小。

10.2.2.2 姿态变换

姿态的变换主要是正立姿态与其他可能姿态之间的变换，它所占用的空间并不一定就等于变换前的姿态占用空间和变换后的姿态占用空间的叠加，因为人体在改变姿态时，由于力的平衡问题，其他肢体也会伴随运动，因此占用的空间可能大于变换前后空间的叠加（图10-8，表10-2）。

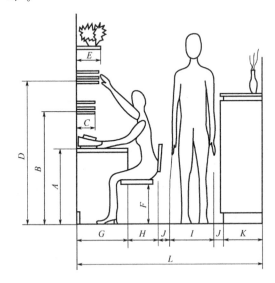

图10-8 个人办公单元尺度

个人办公单元尺度（mm）　　表10-2

A	B	C	D	E	F
办公桌高度	吊柜下层高度	吊柜下层进深	吊柜上层高度	吊柜上层进深	办公椅面高度
		大于A4打印纸宽度		大于A4打印纸长度	
720	1050左右	220左右	1250~1350	300左右	360~480

续表

G	H	I	J	K	L
办公桌进深	椅背桌沿距离	通行者体宽	人行侧边余量	文件柜进深	办公单元进深
		男子95百分位数的最大肩宽+穿衣修正量			G+H+2J+I+K
550~700	440~560	650	50~100	350~500	2090~2610

10.2.2.3 人体移动

人体移动占用的空间不仅仅只是人体本身占用的空间，还包括连续运动过程中由于运动所必须的肢体摆动或身体回旋余地所占的空间。

如图10-9、表10-3所示，计算出阶梯高度D和前后排座位间距I，使后排就坐者观看时视线不被前排就坐者挡住。人们通行进出时，其他人仍可坐在座位上而不必起立避让。

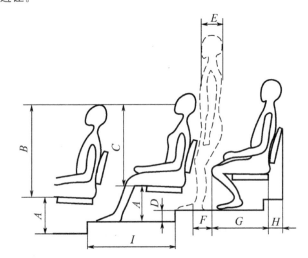

图10-9 阶梯座位尺度计算

阶梯座位尺度计算(mm)　　表10-3

A	B	C	D	E
座面高度	前排人坐高	后排坐姿眼高	阶梯高度	最大人体厚度
	男子50百分位数坐高	女子50百分位数坐姿眼高	(A+B)~(A+C)=B-C	男子95百分位数胸厚+穿衣修正量
	908	739	约等于170	270

F	G	H	I
通行避让距离	臀膝距	靠背深度	前后座位间距
	男子95百分位数的臀膝距+穿衣修正量		F+G+H
150~180	610	60~160	820~950

10.2.2.4 人与物的关系

人体在进行各种活动时，在很多情况下都会与物体发生联系，这些物体大致可分为四类：

（1）与其他人相互作用。

（2）用具。如持于身前、身后、体侧、托于身上、可挥舞的物体等。

（3）家具。如移动家具、支撑人体的家具、储藏家具等。

（4）建筑构件。如门、通道阶梯、栏杆等。

人与物体相互作用而产生的空间范围大于也可能小于人与物体各自空间之和，要视其活动方式而定。

10.2.2.5 影响活动空间的因素

（1）活动的方式。

（2）各种姿态下的工作时间。

（3）工作的过程和用具。

（4）服装。

（5）民族习惯。如日本、朝鲜和阿拉伯民族都是席地而居，无论是空间的尺度和形态都与一般情况不同。因此在设计这类空间时，对于人体活动空间必须重新进行研究。

10.2.3 重心问题

室内设计中的许多尺寸还涉及重心问题。重心是人体全部重量集中作用的点，可以用这个点来代替人体重量。例如，栏杆的高度应高于人的重心，如果低于这一点，人体一旦失去稳定，就可能越过栏杆而坠落。重心的位置一般在肚脐后面，所以当人们站在栏杆附近时，如果发现栏杆比肚脐低，就会产生恐惧感。

每个人的重心位置都不同，主要受身高、体重和体格的影响。通常躯干低的人重心偏下，反之则偏上。据测，重心在身高一半以上位置的人不到50%。此外，重心还随着人体位置和姿态的变化而不同。理论上人体的重心高度如以身高为100，重心则为56。也就是身高为163cm时，重心高度为92cm，当然这是平均值，还需要根据不同的实际情况进行修正。

10.3 室内光环境设计

人类离不开光线，对光的知觉是人类感觉器官最朴素、最基本的功能。利用光线、防止光线伤害是人类的本能和智慧。

光线能照亮一切物体，有了光线，人们才能看清世界。太阳光线不仅具有生物学及化学作用，同时对于人类的生活和健康也具有重要意义。直射的阳光具有杀菌作用，利用阳光可以治疗某些疾病；阳光中的红外线具有大量的辐射热，冬天可借此提高室温；光线能改变周围环境，可以创造丰富的视觉效果。

当然，光线也有对人类不利的方面。长期在阳光下工作容易疲劳；过多的紫外线照射容易使皮肤发生病变；过多的直射阳光在夏季会使室内过热；不合理的光照会使工作面产生眩目反应，甚至伤害视力。因此我们要合理利用阳光，科学地进行采光和照明设计，以保证人体健康，创造舒适的室内环境。

室内光环境设计，分天然采光和人工照明两种。

10.3.1 天然采光

天然采光无论对工作还是生活都有重大意义。长期处在不良采光条件下工作和生活，会使视觉器官感到紧张和疲劳，会引起头痛、近视等视机能衰退和其他疾病。采光对工作效率也有很大影响。改善采光条件，能使人们对物体的辨别能力、识别速度、远近物像的调节机能随之提高，从而提高工作效率。此外，良好的采光条件对大脑皮质能起到适当兴奋的作用，能够改善人体的生理机能和心理机能。

天然光线的照度和光谱性质，对人的视觉和健康有益，而且由于和室外景色联系在一起，它还可以提供人们所关心的气候状态，提供三维形体的空间定时、定向和其他动态变化的信息。天然采光设计，就是利用日光的直射、反射和投射等性质，通过各种采光口设计，给人以良好的视觉和舒适的光环境。

除了有充足的光线之外，室内采光的质量还必须考虑光线是否均匀、稳定，光线的方向以及是否会产生暗影和眩光等现象。室内照度的强弱体现室内光线是否充足，这取决于天空亮度的大小。天空亮度来自阳光的作用，太阳光经过大气层的吸收与散射，到达地面时不仅有直射光，还有扩散光，形成了各地区的光气候。对光气候进行观察、分析与统计，可以制定各地区的室外照度曲线、各地区的总用度和散射照度，并以此作为确定室内照度标准的依据。

设计师应该对天然采光进行合理的利用和遮挡，利用直射阳光照亮室内环境；利用直射阳光进行日光浴，治疗疾病；制造室内环境气氛。因此要保证建筑的合理间距，选择好采光口，选择采光方向以及建筑保温。天然采光的质量主要取决于采光口的大小（包括宽度和高度）和形状、采光口离地面的高低、采光口的分布和间距。

在确定采光系统时，对有特殊要求的室内环境需要进行一些特殊处理。防止眩光对视觉的影响有两种办法，一是提高背景的相对平均亮度，二是提高窗口的高度，使窗下的墙体对眼睛产生一个保护角。

10.3.1.1 日照

阳光具有很强的杀菌作用，是人体健康和人类生活的重要条件。如果人体长期得不到日照，健康就会受到影响，对幼儿还会造成发育不良的后果。日照对人的情绪也有很大影响，在阳光下人会感到心情舒畅。但过多的日照也会对健康不利，也会使人烦恼。

许多国家都将日照列为住宅设计的条件，那么如何保证正确的日照呢？这就涉及建筑物的日照时间、方位和间距，紫外线有效辐射范围，绿化合理配置，建筑物阴影，室内日照面积等问题。

(1) 建筑物的日照时间、方位及间距

建筑物的日照时间根据建筑物的性质不同而有长有短。我国规定，住宅必须保证冬至那天有一小时满窗口的有效日照。因此，也确定了我国建筑的朝向多是朝南或适当的偏东或偏西，建筑物间距与高度的比值在1∶1以上，从而保证室内能得到良好的日照。当然由于各地区纬度和经度的不同，日照的规定也不一样。

(2) 紫外线有效辐射范围

对于幼儿园、医院、疗养院之类的场所，不仅要有良好的日照，还要有一定的紫外线辐射，以保证室内环境的健康。这主要取决于建筑物的地点和室内采光口的位置和大小，有条件时可以设置阳光室来额外获得紫外线照射。

(3) 绿化合理配置

夏季为了减少阳光辐射对室内温度的影响，可以在室外多配置绿色植物，并尽可能放在辐射强的方向，如西侧，但不能影响正常的采光。

(4) 建筑物阴影

建筑物阴影就视觉而言，可以增强室内或室外的建筑物视觉形象。就人的健康而言，阴影可减少夏季热辐射，但也会影响日照和紫外线辐射。为了满足多方面的要求，室内设计经常采用的方法是设置移动的窗帘或活动遮阳板。

(5) 室内日照面积

室内日照主要通过向阳面的采光口获得，最有效的采光口是天窗，其次是侧窗。采光口的大小通过计算确定其有效面积，就是阳光射到地板上的面积。

10.3.1.2 窗户形状

不同的窗户形状给人以不同的感受：水平窗使人感觉舒服、开阔；垂直窗可以构成条屏挂幅式构图景观和大面积实墙；落地窗可以获得和室外环境紧密联系的感觉；高窗台可以减少眩光，获得良好的安定感和私密感；透过天窗可以看到天空的云影，并提供时间的信息，使人仿佛置身于大自然之中。而各种漏窗、花格窗的光影交织，似透非透，虚实对比，使自然光透射到墙壁上，产生变化多端、生动活泼的景色。

10.3.1.3 特殊建筑构部件的运用

也可以在室内设计中增加各种洞口、柱廊、隔断等特殊建筑构部件，它们和窗户一样，也可以使天然光在室内产生各种形式多样、变化莫测的阴影，形成丰富多彩的视觉形象。

10.3.1.4 玻璃的作用

利用光的透射性，大多数室内环境都使天然光透过窗玻璃来照亮室内空间，因此玻璃就成了滤光器，人们利用各种玻璃的特性，可以在室内造成不同感受的采光效果：

(1) 无色的白玻璃给人以真实感；

(2) 磨砂的白玻璃给人以朦胧感；

(3) 玻璃砖给人以安定感；

(4) 彩色玻璃给人以变幻、神秘感；

(5) 各种折射、反射的镜面玻璃给人带来丰富多彩的感觉变化。

10.3.2 人工照明

人工照明就是利用各种人造光源的特性，通过灯具造型设计和分布设计，形成特定的人工光环境。人工照明是室内光环境的重要组成部分，是保证人们看得清、看得快、看得舒适的必要条件。

随着光源与装饰材料的发展革新，人工照明已不仅仅局限于室内一般照明和工作照明，而是进一步向环境照明、艺术照明发展。在商业、居住以及大型公共建筑的室内环境中，人工照明已成为不可缺少的环境设计要素：利用灯光可以指示方向，利用灯光造景，利用灯光扩大室内空间等。

阳光具有固定的光色，而人工照明却有冷光、暖光、弱光、强光和各种混合光，人们可以根据环境意境的需要而随意选用。如果说色彩具有性格倾向和情感联想，那么人工照明则可以使色彩产生变化与运动，是创造室内光环境、渲染环境氛围的重要手段。

10.3.2.1 方法

人工照明有三种方法：均匀照明、局部照明和重点照明。

(1) 均匀照明（环境照明）是以一种均匀的方式来照亮空间，大多数室内都采用这类照明形式。均匀照明的分散性可以有效地降低工作面上的照明与室内环境表面照明之间的对比度。均匀照明还可以用来减弱阴影，使墙的转角变得更柔、舒展，它的特点是灯具悬挂得较高。

（2）局部照明（工作照明）是为了满足某种视力要求而照亮某一特定空间区域。通常采用直射式的发光体，带有调光器或变阻器，亮度和角度都可调节。它的特点是光源通常安放在工作面附近，效率较高。

（3）重点照明其实是局部照明的一种形式，它会产生各种聚焦点以及有明暗的节奏的图形。它可以缓解普通照明的单调性，突出空间的特色或强调某件物品。

10.3.2.2 人工照明质量

人工照明质量指光照技术方面有无眩光和眩目现象，照度均匀性，光谱成分及阴影问题。

当视野中的发光表面亮度很大时视度会降低，这种现象就是眩光。眩光使眼睛不舒适，就是眩目。眩光是发光表面的特性，而眩目是眼睛的生理反应。眩光取决于光源在视线方向的亮度，而眩目程度则取决于背景的亮度，并且与光源在视野中的位置有关。

工作面上的照度应具有一定的均匀性。如果各点照度相差悬殊，瞳孔就需要经常改变大小来适应各种亮度，这就容易引起视觉疲劳。所以，工作台面光源布置应力求均匀性，同时整个室内的照度也要求有一定的均匀度，环境照度应不低于工作台面照度的10%。

光源的光谱成分对识别物体颜色的真实性影响很大，比如白炽灯的光谱与日光的光谱相差就很大，在白炽灯下是不能正确区分颜色的色调的。因此，对于严格要求区分颜色的室内环境，就不宜选用白炽灯照明，而是应该加滤光器或采用改进后相应的光源来照明。

光线方向对视觉质量也有很大影响，光线方向不当，会使工作台面上产生暗影或产生反射眩光，这对人眼都是有害的。

综上所述，良好的照明质量应保证被照台面有足够的照度，并且均匀稳定，被照台面上没有强烈的阴影，并与室内的亮度没有显著的区别，没有眩光产生。对某些有特殊要求的室内，还要满足一定的日照时间和日照面积，夏季防止过多的直射阳光进入室内，需要进行建筑遮阳、建筑隔热。

10.4 室内色彩环境设计

10.4.1 色彩与空间环境氛围

10.4.1.1 概念与方法

在人体的各种感知觉中，视觉是最主要的感觉。而在视知觉中，色彩有唤起人们第一视觉的作用，色彩可以改变室内环境的气氛，影响环境的视觉印象。室内设计师应充分利用色彩对人的物理、生理和心理方面的作用，通过色彩唤起人们的联想和情感，在设计中创造层次丰富、具有性格和美感的色彩环境。

创造空间环境氛围要充分利用色彩的知觉效应，如色彩的冷暖感、明暗感、轻重感、宁静兴奋感等来调节和创造空间环境的氛围。例如，在缺少阳光的阴暗房间，则可以采用暖色来增加亲切温暖的感觉；夏季阳光充足的房间，则可以采用冷色来降低炎热的感觉。

在宾馆大堂、电梯厢以及其他一些逗留时间比较短的公共场所，适当采用高明度、高彩度的色彩来获得光彩夺目、热烈兴奋的氛围。在住宅、客房、病房、办公室等场所，采用各种高级灰可获得安定、宁静的氛围。

顶棚较低的房间可采用具有轻远感的色彩来减少压抑感，而空间较大的房间，则可采用具有收缩感的色彩来减少空旷感。即使在一个房间之内，从天花板、墙面到地面，从上到下的色彩也往往是由明到暗，这样可以获得丰富的层次，扩大视觉空间，增加空间的稳定感。

当然，在具体的室内环境中，各种色彩是互相作用的，在协调中各自表现，在对比中互相衬托。

10.4.1.2 影响色彩设计的因素

室内色彩设计的根本目的是创造符合人们需要的环境氛围，它因人、因事、因时、因地而不同。

（1）因人

人是环境的主体，不同性别、年龄、民族、文化、爱好和不同气质的人对色彩有不同的认识。即使是同一个人，受到外界环境的影响，自身情感的变化，对色彩的认识也会改变。由此可见，在同一个家庭中，各个家庭成员对色彩的认识也有所差异，对色彩的使用也会有不同的要求。此外，各民族、各地区人们的民俗甚至政策法规也会对色彩有影响，甚至限制。比如在封建社会里，金色和明黄色的使用都是有等级限制的。

（2）因事

室内环境的性质、功能不同，对色彩的要求也不同。厂房要考虑生产的需要，如生产工艺的要求，工人在劳动中的生理和心理需求，如何减轻工人疲劳，提高劳动效率，如何有利于安全生产等。生活建筑包括商场、餐厅、展厅、客房、卧室、起居室、厨房、卫生间、门厅、走廊等，都有各自要求的色彩标准和色彩搭配。

（3）因时

不同的时间和不同的季节,对色彩也有不同的要求。冬季宜采用暖色调使室内温暖些,夏季宜采用冷色调使室内阴凉些。不同的时间有不同的流行色,也就是色彩流行趋势,家具和陈设的色彩受之影响很大,从而也会影响整个室内的色彩环境。

(4) 因地

因地就是根据实际客观环境,如房间的布置、空间的大小、比例和形态、建筑的朝向等,来进行色彩设计。室外的景观和自然环境不同,室内的色彩环境也相应而异。即使是一套房子,朝北和朝南的房间对色彩要求也不一样;空间大的房间和空间小的房间对色彩要求也不一样。另外,室内物品的多少,各个界面的材料与质地等都会影响到室内色彩设计。

上述的几点都直接影响着室内色彩设计,因此设计师需要遵循色彩规律和色彩特性,综合各种因素,进行系统分析来确定一个合理的色彩基调。

10.4.2 色彩的心理效应

任何一种设计都离不开色彩,色彩的视知觉有着丰富的内涵。有人将人对色彩的感受概括为:冷暖感、轻重感、软硬感、强弱感、明暗感、宁静兴奋感和质朴华美感。这些感受有的取决于色彩本身的色相、明度和纯度,有的涉及视觉质感,有的则取决于色彩的情感效应和形成特征。

10.4.2.1 色相的心理效应(表10-4)

不同色相的心理效应　　　　表10-4

	心理效应
红	激情、热烈、热情、积极、喜悦、吉庆、革命、愤怒、焦灼
橙	活泼、欢喜、爽朗、温和、浪漫、成熟、丰收
黄	愉快、健康、明朗、轻快、希望、明快、光明
黄绿	安慰、休息、青春、鲜嫩
绿	安静、新鲜、安全、和平、年轻
青绿	深远、平静、永远、凉爽、忧郁
青	沉静、冷静、冷漠、孤独、空旷
青紫	深奥、神秘、崇高、孤独
紫	庄严、不安、神秘、严肃、高贵
白	纯清、朴素、纯粹、清爽、冷酷
灰	平凡、中性、沉着、抑郁
黑	黑暗、肃穆、阴森、忧郁、严峻、不安、压迫

10.4.2.2 各种色调的心理效应

色调是色彩设计的意境,按色相分,每种色彩都有不同的性格,也就形成了各种基调。按明度可分为明调、暗调、高调、低调等;按彩度可分为鲜艳调和灰调;按色性分可分为冷调和暖调(表10-5)。

各种色调的心理效应　　　　表10-5

属性	调别	形成条件	心理效应
色相	各色调	各种颜色	见表10-4
明度	明调	含白成分	透明、鲜艳、悦目、爽朗
	中间调	平均明度及面积	呆板、无情感、机械
	暗调	含黑成分	阴沉、寂寞、悲伤、刺激
	极高调	白—淡灰	纯洁、优美、细腻、微妙
	高调	白—中灰	愉快、喜剧、清高
	低调	中—灰黑	忧郁、肃穆、安全、黄昏
	极低调	黑加少量白	夜晚、神秘、阴险、超越
彩度	鲜艳调	含白成分、纯净	鲜艳、饱满、充实、理想
	灰调	含黑及其他色成分	沉闷、混浊、烦恼、抽象
色性	冷调	青、蓝、绿、紫	冷静、孤僻、理智、高雅
	暖调	红、橙、黄	温暖、热烈、兴奋、感情

10.4.2.3 色彩冷暖感

色彩的冷暖感来源于色光的物理特性,也来源于人们对色光的印象和心理联想。对色彩冷暖的判断,并不主要依赖于眼睛对色光的感觉,而更依赖于心理联想,与生活经验也有联系。

色彩心理学把纯橘红色定为最暖色,称为"暖极";把纯天蓝色定为最冷色,称为"冷极"。与暖极相近的色彩称为暖色,与冷极相近的色彩则称为冷色,与两极距离相等的色彩则称为中性色。因此,红、橙、黄属暖色,蓝、绿属冷色,黑、白、灰、紫属中性色(一般黑色偏暖,白色偏冷,也称"白冷黑暖"。)

冷色和暖色给人的视觉感受是不同的,暖色有近迫感或膨胀感,视觉上比实际位置要向前,感觉比实际面积要大一些;冷色则相反,具有后退感或收缩感。康定斯基在《论艺术精神》中对各种色彩给人的不同感受进行了详细分析:如果给两个圆分别涂上黄色和蓝色,静观片刻,就会感觉黄色圆仿佛从中心向外扩散,明显向观者逼近,相反,蓝色圆自身却向后退,好像一只蜗牛缩进壳里一样。

10.4.2.4 色彩轻重感

与色彩的冷暖感一样,色彩轻重感的形成与生活经验和心理联想有关。一般来说暖色给人感觉偏重、密度大;冷色给人感觉偏轻、密度小。另外,明度对轻重感的影响要比色相的影响来得更大。

10.4.2.5 色彩的明暗感

色彩明暗感也主要与人的生活经验和心理联想有关。看到白色、黄色、橙色使人想到白天,白炽灯的黄色,火焰的橙红色给人以明亮的感觉;而看到青色、紫色、黑色使人想到黑夜,丧礼、礼服,给人以暗的感觉。因此,白色、黄色、橙色等色彩给人以心理上的明亮感,而紫色、青色、黑色等重色(冷色)给人以心理上的灰暗感。

10.4.2.6 色彩的宁静兴奋感

有人做过试验，在蓝色房间里握力为38.4公斤的人，在红色房间里握力可达到40.1公斤。而一般认为红色有激起人们兴奋感的作用，而蓝色则有使人平静的作用。即红色、橙色、黄色、紫红色等色彩会刺激人的心理产生兴奋感，而青色、绿色、紫色、黑色则会使人的心理平静。

10.4.3 室内色彩调和

室内色彩设计在确定了色彩基调后，利用色彩的物理性能和对人们生理、心理的影响来进行配色，充分发挥色彩的调节作用，就是室内色彩调和。室内环境受墙面、顶棚与地面的影响较大，所以墙面、顶棚与地面的颜色可以作为室内色彩环境的基调。墙面通常是家具、设备和操作台的背景，家具、设备和操作台的色彩又会影响墙面，从而产生室内色彩环境氛围的协调对比问题。

红色充满活力与激情，使用红色能取得生气勃勃的效果，但是与红色搭配的颜色则容易显得黯然失色，如果与黑色或白色搭配反而会显得光彩夺目。

绿色使人感到放松，是安静的颜色，特别适合卧室。纯绿色最安静，淡蓝绿色清新但较冷漠，棕绿色较温暖、舒适。

黄色被视为大胆的颜色，黄色使人愉快，它具有辐射效果，因此常用于光洁的表面。应避免用黄色做地板色，因为它给人的感觉非常不稳定。

蓝色标志着平静、内向，蓝色使人平静。淡蓝色友善、扩张、易于创造气氛，深蓝色则坚实、紧缩。

棕色是地板的理想颜色，因为棕色使人感觉平稳，它还表示健康。黄棕色使人感到安慰。

紫色表达了内部的不平静和不平衡，它兼有神秘与迷人的特点。

10.4.3.1 概述

色彩调和研究的是配色与色彩之间的协调关系，它包括色相调和、明度调和、彩度调和、面积调和等。它们之间既相互关联又相互制约，并且因人、因事、因时、因地等因素而有差异。

色彩调合类型　　　　　　　　表10-6

类别	色彩调和方法	心理效应
同一调和	同一色相的色进行变化统一	亲和感
类似调和	色相环上相邻色的变化统一	融合感
中间调和	色相环上接近色的变化统一	暧昧感
弱对比调和	补色关系的色彩，不强烈对比	明快感
对比调和	补色及接近补色的对比配合	强烈刺激

10.4.3.2 色相调和

色相调和分为二色相调和、三色相调和和多色相调和，如图10-10所示。三色相调和及多色调和的关键是色彩的均衡，不同色相调和可以得到不同的效果。

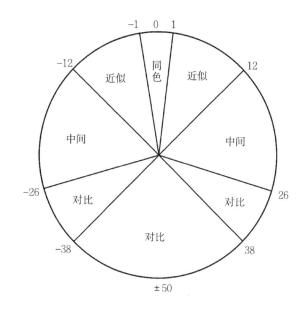

图10-10　色相调和区分图

同一调和——在色相环上，同一色范围内，只有明度变化的调和；

类似调和——色相环上1～12或-1～-12之间的色彩调和；

中间调和——色相环上12～26或-12～-26之间的色彩调和；

弱对比调和——色相环上26～38或-26～-38之间的色彩调和；

对比调和——色相环上38～-38之间的色彩调和。

10.4.3.3 明度调和

同一或近似色的调和主要靠明度调节，虽然统一，但缺少变化，因此需要调节纯度和色相。

中间调和——室内设计中用得比较多，加上明度调节作用，可以获得统一中有变化的效果。

对比调和——在明度的作用下，可取得更强烈、刺激的效果。

10.4.3.4 纯度调和

同一或近似色的调和比较和谐，但感觉较弱，需适当改变色相和明度。

中间调和——灰调子使人感觉暧昧，需要适当改变色相，加强明度。

对比调和——色彩鲜艳，但过于热闹，可适当改变色相或加大面积来调节。

10.4.3.5 面积调和

无论是色相调和、明度调和还是彩度调和，由于面积大小的不同，给人的感觉也会不同，在配色调和时，需要掌握一些原则：

（1）大面积色彩宜降低纯度，如墙面、天花板和地面。

（2）小面积色彩应适当提高纯度，如家具、设备、陈设等。

（3）对于明亮的色彩或较弱色彩，宜适当扩大面积。

（4）对于暗色或强烈的色彩宜缩小面积，形成重点配色。

一般来说，同一调和与类似调和，给人以亲切感和融合感。对比调和采用相差较大和变化统一的色相、明度和纯度，给人以强烈的刺激感。在设计时，为了突出室内重点部位，强调其功能，使之显而易见，需要运用对比调和来进行重点配色。这时，色彩在色相、明度和纯度方面应和背景有适当的差别，从而起到装饰、注目、美化或警示的效果。

10.5 室内界面质地设计

10.5.1 概述

室内界面质地设计就是利用物体表面的视觉和触觉特性，根据材料的物理力学性能和材料表面的肌理特性，对空间内的各个界面进行选材、配材和纹理设计。室内空间界面主要指围护空间的各个面，如天花板、墙面、地面、柱子，以及家具、陈设、隔断等物体的表面。室内空间的各个界面的设计，必须服从整体环境的立意、意境和基调。贵重的材料如果使用不当，也得不到好的意境和视觉效果。材料没有贵贱之分，只有利用合理与否。设计师应该根据立意，因地制宜地选用材料，科学合理地进行搭配，再利用光影等其他视觉因素进行物体表面的质地设计。

10.5.2 质地设计

10.5.2.1 概念

质地是指空间内的各个界面以及家具、陈设、隔断等表面材料的特性给人视觉和触觉上的印象。在进行空间设计时，应结合室内空间的性格和用途，利用材料的质地特性，根据室内环境总的意境来选用合适的材料，利用材料的固有色，结合光照和色彩设计，点缀、装饰室内界面。

10.5.2.2 质地的知觉特性

质地是由物体的三维结构而产生的一种特性，质地经常被用来形容物体表面相对粗糙或平滑的程度，也被用来形容物体表面材料的品质。比如石材的粗糙、坚实，木材的纹理、轻重，纺织品的纹路、柔软等。

光线照射在物体的表面，不仅能反映出物体表面的色彩特性，同时也能反映物体表面的质地特性。根据人们以往的经验，物体表面的特点和性能在视知觉中会产生一个综合印象，从而反映出物体表面质地的品质和物体表面光和色的特性。

材料质地的知觉是依靠人的视觉和触觉来实现的：

视觉对质地的反映有时真实，有时不真实，这主要受视觉机能和环境因素的影响。一般来说，在约13m以外，人的视觉已经很难准确地分清两个物体前后的距离关系了，也就更难辨别出物体表面的材料的真假了。再加上很多新型材料已经可以达到以假乱真的程度，人们就更难分清材料质地的真实性了。

当然，物体表面质地还可以通过触觉来感知。皮肤对物体表面的刺激反应十分灵敏，尤其以手指的知觉能力为最强，依靠手指皮肤中的各种感受器，人们可以知觉物体表面材料的性能、表面质地、物体的形状和大小。

正是将触觉对物体的知觉和视觉对物体的知觉，结合之前的经验，将获得的信息反应到大脑，人们才能知觉到物体表面的质地。通常，触觉的反映比较真实，但由于材料制造技术的进步，有时也很难区分。

10.5.2.3 质地的视觉特性

物体表面材料的物理力学性能、材料的肌理，在不同光线和背景作用下，产生了不同的质地视觉特性。

（1）重量感

由于经验和联想，材料的不同质地，给视觉造成了轻重的感觉。当你见到石头或金属时，就会感到这是很重的物体，看到棉麻草类物品，就会感到这是轻的物体。

（2）温度感

由于色彩的影响和触感的经验，不同材料给视觉形成温度的感觉。如见到瓷砖就产生阴凉的感觉，见到木材，特别是毛纺织品就会产生温暖的感觉。

（3）空间感

在光线的作用下，物体表面和肌理不同，对光的反射、散射、吸收的视觉效果便不同。表面粗糙的物体，如毛面石材或粉刷容易形成光的散射，给人的感觉就比较近。相反，表面光滑的物体，如玻璃、金属、瓷砖、磨光石材等，容易形成光的反射，甚至镜像现象，给人的感觉就比较远。因此，物体表面材料的肌理对光线的影响，造成室内视觉空间大小的感觉。

（4）尺度感

由于视觉的对比特性，物体表面和背景表面材料的肌理不同，会造成物体空间尺度有大小的视感觉。如果背景光滑，前面物体的表面也很光滑，由于背景的影响，会显得更突出，如果物体表面很粗糙，与背景相比，会显得物体表面更细腻，在尺度上会有缩小的感觉。

（5）方向感

由于物体表面材料的纹理不同，会产生不同的指向性。如木材的肌理，其纹理有明显的方向性，不同方向布置会造成不同的方向感。水平布置会显得物体表面向水平向延伸，垂直布置则向高度方向延伸。物体表面质地的方向特性，也会影响空间的视觉特性。如果材料纹理方向呈水平设置，室内空间会显得低，相反会显得高，不仅木材的纹理、石材的纹理，就是粉刷或面砖铺砌方向，均会造成质地的方向感。

（6）力度感

物体表面材料的硬度会给触觉以明显的感觉。如石材就很坚硬，棉麻编织品就很柔软，木材就显得硬度较适中。由于经验、触觉的这些特性，在视觉上也会造成同样的效果。当你见到室内墙面是"软包装"，就会感到室内空间很轻巧、很舒适，如采用植物织品或木材贴面；相反，室内墙面若是采用面砖、花岗石材等，即"硬包装"，视觉上就会感到很坚实、很有力。

质地的视觉特性并不是单一地表现在一个环境中，而是综合作用，并随室内各个界面不同材质的组合，加上其他视觉因素，如形、光、色、空间等的综合作用，从而使室内环境产生各种各样的视觉效果。

室内界面的线型划分、花饰大小、色调深浅等不同处理，可给人们在视觉上有不同感受。

10.5.2.4 质地设计的表达

空间界面质地设计的基本原则和色彩设计基本相同，即统一与变化，协调与对比。在统一中求变化，在变化中求统一；协调中有重点，对比中有呼应。界面质地的表达则是通过界面材料的选择、配置和细部处理来实现的。

（1）界面材料的选择

1）选择柔和舒适的界面材料

除了采用暖色调和漫射光以外，想要设计一个温馨舒适的居室环境，首先要选择柔和舒适的界面材料，如木地板、地毯等，墙面和顶棚可采用木材、墙纸、亚光漆或粉刷，尽量不用或少用光滑的石材或高反光的金属。接触人体的家具设施表面应是光滑或手感较好的材料，如木材、藤编或织物。

2）选用质地光滑、沉重的石材等

如果是设计一个明亮、庄重、典雅的公共场所，例如营业厅，则应选用质地光滑、沉重的石材装饰地面、墙面、柱子和柜台等，采用粉刷装饰顶棚，或者对顶棚作特殊设计，利用散射光粗犷的视觉效果。

（2）界面材料的搭配空间界面质地设计不仅仅只是几个大面（如顶棚、墙面等）的设计，多数情况下室内的家具、设备、陈设等物体表面材料的搭配对室内环境气氛的影响甚至会超过几个大界面的影响。因此，质地的材料选配、面积的大小、图案的尺度应和空间尺度以及其中主要块面的尺度相关联，也要和空间里的中等体量相关联。因为质感在视觉上总是趋向于充满空间，所以在小房间里使用任何一种肌理时必须很谨慎，而在大房间里，肌理的运用会减小空间尺度。

（3）界面材料细部处理

没有质地变化的房间是乏味的，空间界面的质地纹理应该采用对比的方法来选配界面材料。坚硬与柔软的组合，平滑与粗糙的组合，光亮和灰涩的组合等各类质地的组合都可用来创造各种变化。当然，纹理的选择与分布必须适度，应着眼于它们的秩序性和序列性上，如果它们有着某种共同性，比如反光程度或相似的视觉重量感，那么对比质地之间也能产生和谐性。图案设计要注意尺度大小，图案太小就会不显著而变成材料的纹理。此外，界面的质感应尽可能地利用结构材料的组合方式来产生不同的视觉效果。

10.6 室内空间设计

10.6.1 室内空间构成

我们根据人的行为，人与环境的交互作用将空间构成分为相互关联、共同作用的三部分：行为空间、知觉空间和围合结构空间。

10.6.1.1 行为空间

行为空间是指人及其活动范围所占有的空间：站、立、坐、跪、卧等各种姿势所占有的空间；人在生活和生产过程中占有的空间。比如行走时占有的通道的空间大小，打球时篮球在运动中所占有的空间大小，看电影时视线所占有的空间大小等。

10.6.1.2 知觉空间

知觉空间是指人和人群的生理、心理需要所占有的空间。如人的行为空间一般有2m就够了，但如果待在室内高度2m的房间内，人就会感到压抑，声音传递困难，空气不新鲜，人与人之间感到太挤。因为2m的高度并不能满足人的视觉、听觉和嗅觉上的要求，室内高度需要增加到4m。这增加的2m以上的空间，就是知觉空间，它的大小也受到行为空间的影响。

10.6.1.3 围合结构空间

围合结构空间包含构成室内外空间的实体。比如院子是围墙所占有的空间，室内是楼地面、墙体、柱子等结构实体以及设备、家具、陈设等所占据的空间，这是构成行为和知觉空间的基础。

如果要设计一个房间，首先应该确定行为空间的形状，并计算出空间大小；再根据知觉特点和要求，进行计算和比较，确定知觉空间的大小和形态；再根据经济和物质条件、行为和知觉空间的特点，确定围合空间结构方式；从而计算出围合空间的形状和大小，然后综合考虑这三个部分的关系，再进行调整。

值得注意的是，行为空间和知觉空间并不是截然分开的，行为和知觉是共同描述人的生理和心理活动的两个方面，因此这两部分是相互关联、共同作用的，它们与围合结构空间共同确定了室内空间的形态和大小。

10.6.2 空间视觉特性

物质空间具有大小、形状、方向、深度、质地、明暗、冷暖和广阔感等视觉特性。这些特性主要是被人的感觉系统知觉的，尤其是视觉系统几乎能感知空间的所有特性。当然，人的听觉、肤觉、运动觉、平衡觉和嗅觉对空间知觉也有一定的作用，也能知觉空间的某些特性。比如利用听觉和嗅觉也能辨别空间的大小，利用肤觉能知觉空间的质地，利用运动觉和平衡觉能知觉空间的方向等。

10.6.2.1 空间大小

(1) 几何空间尺度的大小

不受环境因素的影响，几何尺寸大的空间显得大，相反则显得小。

(2) 视觉空间尺度的大小

无论在室外还是室内，空间尺度大小都是由比较而产生的视觉概念。视觉空间大小包含两种观念：

a. 围合空间的界面之间实际距离的比较：距离大的空间大，距离小的空间小。实界面多的空间显得小，虚界面多的空间显得大。此外，还受其他如光线、颜色、界面质地等环境因素的影响。

b. 人和室内空间的比较：人多了，空间显得小；人少了，空间显得大。儿童的活动空间对成人而言就显得小；相反成人活动的空间对儿童而言就显得大。

10.6.2.2 空间形态

任何一个空间都具有一定的形态，是由基本几何形（如立方体、球体等）的组合、变异而构成的。常见的室内空间形态有：

(1) 结构空间

通过空间结构的艺术处理，显示空间的力度和艺术感染力。

(2) 封闭空间

采用坚实的围护结构，虚的界面很少，无论在视觉、听觉、肤觉等方面均造成与外部空间隔离的状态，使空间具有很强的封闭性、内向性、私密性和神秘感。

(3) 开敞空间

尽可能采用通透的、开敞的、虚的界面，使室内空间与外部空间贯通、渗透，使空间具有很强的开放感。例如将客厅的三个墙面均设计成玻璃墙，这样室外景色和室内景色则融为一体，空间呈现很强的开放性。

(4) 共享空间

为了适应各种交往活动的需要，在同一大的空间内，组织各种公共活动。通过空间大小结合，山水绿化结合，楼梯和自动扶梯或电梯结合，使空间充满动态。

(5) 流动空间

通过各种电梯使人流在同一空间内流动，通过各种变化的灯光或色彩使人看到同一空间里景观的流动，共同形成室内空间状态的流动。

(6) 迷幻空间

通过各种奇特的空间造型、界面处理和装饰，造成室内空间神秘、奇特的艺术效果，使人对空间产生迷幻的感觉。

(7) 子母空间

子母空间是大空间中的小空间，是对空间的二次限定，即满足了使用要求又丰富了空间层次。

10.6.2.3 空间方向

通过室内空间各个界面的处理、构配件的设置和空间形态的变化，使室内空间产生很强的方向性。

10.6.2.4 空间深度

空间深度是与出入口相应的空间距离，它的大小会直接影响室内景观的景深和层次。

10.6.2.5 空间质地

空间的质地主要取决于室内空间各个界面的质地，由于各个界面的共同作用和相互影响，它对室内环境气氛有很大的影响。

10.6.2.6 空间明暗

空间明暗主要取决于室内光环境和色环境的处理以及各个界面的质地。

10.6.2.7 空间冷暖

室内空间的冷暖，在硬件上取决于采暖设备和空气调节设备；在视觉则上取决于室内各个界面、室内家具和设备各个表面的色彩，采用冷色调则有冷的感觉，采用暖色调则有暖的感觉。

10.6.2.8 空间广阔感

(1) 定义

空间的广阔感指空间的开放性与封闭性，这是重要的空间视觉特性，是各种视觉特性的综合表现。空间广阔感由空间围合表面的洞口大小决定，主要是指门、窗、洞口的大小位置和方向，包括侧窗、天窗和地面的洞口；还包括室内空间的相对尺度，各个围合界面的相对距离和相对面积比例的大小。

室内空间与室外空间是两个相对独立而又关联的空间。两者的区别在于：室内空间一般指有顶面的空间，而室外空间是指无顶面的空间。两者的联系在于相互贯通的程度如何，即视觉空间的开放性与封闭性问题。

(2) 意义

最初，窗户的作用是通风和采光，但随着现代建筑物向多层和高层发展，设置顶窗的可能性很小，侧窗的作用也在减小，所以就出现了所谓"无窗厂房"、"大厅式"办公空间等。实践证明，长期在这种封闭性很强的空间里生活和工作，对人的生理和心理都是有害的，容易造成精神疲惫、体力下降、抵抗力减低。

相反，如果室内空间非常通透，如"玻璃建筑"几乎同室外环境融为一体，不仅有一定的困难，对某些空间来说也没有必要，如卧室，办公室等均需要一定的私密性。

因此，如何掌握室内空间开放或封闭程度就显得尤为重要。

(3) 视觉特性

室内空间是由不同虚实的视觉界面围合而成的，因此空间广阔感与围合室内空间的各个实界面的数量有关；与虚界面的位置、大小和形状有关；与室内家具、设备、陈设的数量和尺度有关；与室内各界面的分格、比例、相对尺度有关；与室内光线和色彩有关。室内环境设计，正是利用室内空间广阔感的视觉特性，创造出丰富多彩的、宽敞的视觉环境。

最后，需要注意的是，空间的各种视觉特性都是相互关联、相互影响的，会同时受到时间、空间以及使用者等各种因素的作用，而产生丰富多彩的变化。

10.6.3 行为与室内空间设计

10.6.3.1 行为空间和知觉空间

适应人们行为要求的室内空间尺度是一个相对概念，空间的大小也是动态的尺寸。室内空间尺度是一个整体的概念，它首先要满足人的生理要求（同时存在心理因素的影响），其次要满足人的心理要求（同时存在生理需求的影响，如听觉、嗅觉等）。它涉及环境行为的活动范围（三维空间）和满足行为要求的家具、设备等所占的空间大小。

人们行为要求的空间，它的容积基本是不变的，我们称之为使用功能的空间尺寸，主要根据人们的使用要求来调整空间的形态，而无法通过其他物理技术手段来压缩空间的大小。例如通道，要满足大多数人行走要求的话，最小宽度是60cm，最小高度是200cm，小于这个尺寸，正常行走就感到困难。

而人们知觉要求的空间，它的容积是变化的。如满足听觉、嗅觉要求的听觉空间和嗅觉空间，不仅仅通过空间的大小来适应其要求，而且可以通过物理技术手段来调节空间的大小，如电声系统、空调系统。即使是视觉空间，也可以利用错觉，适当调整其空间感。

行为空间和知觉空间是相互关联、相互影响的，不同的环境、场所有着不同的要求。但是，当行为空间尺度超过一般的视觉要求后，行为空间将和知觉空间几乎融为一体。比如体育馆、剧场、电影院等的空间尺寸较大，在这样大的行为空间里，一般的知觉要求都能够实现，就不需要再增加知觉空间了。

而在有些情况下，行为空间尺度比较小，例如教室，满足上课行为的空间高度2.4m就够了，但在多数情况下，这样的高度就显得太低了。这就需要适当增加知觉空间，将高度增至4.2m。而如果是会议室，高度2.4m便已足够，这又涉及空间尺度的比例问题和空间环境对行为的制约（或支持）作用。

10.6.3.2 行为与室内空间设计的关系

室内设计是室内环境各种因素的综合设计，人的行为是其中的一个主要因素。人的行为与室内空间设计的关系主要表现在以下几个方面：

(1) 确定行为空间尺度

室内空间大致可分为大空间、中空间、小空间以及局部空间等不同的行为空间尺度。

1) 大空间

大空间主要指公共行为的空间，如体育馆、宾馆大堂、礼堂、大餐厅、大型商场、营业大厅、大型舞厅等。在这类空间中，空间尺度大，个人空间基本等距离，空间感是开放性的，因此要特别处理好人际行为的空间关系。

2）中空间

中空间主要指事务行为的空间，如办公室、会议室、教室、实验室等。这类空间既不是单一的个人空间，又不是相互没有联系的公共空间，而是少数人由于某种关联而聚合在一起的行为空间。这类空间既有开放性，又有私密性。确定这类空间尺度，首先要满足个人空间的行为要求，然后再满足与其相关的公共事务行为的要求。

中空间最典型的例子就是办公室，宜采用半敞开的组合家具成组布置，既满足了个人办公要求，又方便同事间的相互联系。

3）小空间

小空间一般指具有较强个人行为的空间，如卧室、客房、经理室、档案室、资料库等，这类空间的最大特点是具有较强的私密性。这类空间的尺度一般不大，主要满足个人的行为活动要求。

4）局部空间

局部空间主要是指人体功能尺寸空间，该空间尺度的大小主要取决于人的活动范围。满足人的静态空间要求主要是人在站、立、坐、卧、跪时的空间大小。满足人的动态空间要求主要是人在室内走、跑、跳、爬时的空间大小。

（2）确定行为空间分布

根据人在室内环境中的行为状态，行为空间分布表现为有规则和无规则两种情况。

1）有规则的行为空间

有规则的行为空间多数为公共空间，这类空间主要有以下几种分布状态：

a．前后状态的行为空间，如演讲厅、报告厅、教室等具有公共行为的室内空间。在这类空间中，人群基本分为前后两个部分。每一部分人群既有自己的行为特点，又相互影响。因此设计时，首先应根据周围环境和人群各自的行为特点，将室内空间分为两个形状、大小不同的空间。再根据两种人群行为的相关程度和行为表现以及知觉要求来确定两个空间的距离。各部分的人群分布再根据行为要求、人际距离来考虑。

b．左右状态的行为空间，如展览厅、商品陈列厅、画廊、商场等具有公共行为的室内空间。在这类空间中，人群呈水平展开分布，且多数呈左右分布状态。这类空间的分布特点是具有连续性。因此设计时，首先要考虑人的

行为流程，确定行为空间秩序，然后再确定空间的距离和形态。

c．上下状态的行为空间，如楼梯、电梯、中庭等具有上下交往行为的室内空间。在这类空间中，人的行为表现为聚合状态。因此设计时，关键是要解决疏散问题和安全问题。经常采用的是按消防分区的方法来分隔空间。

d．指向性状态的行为空间，如走廊、通道、门厅等具有显著方向感的室内空间。在这类空间中，人的行为状态表现的指向性很强。因此设计时，特别要注意人的行为习性，空间方向要明确，并具有导向性。

2）无规则的行为空间

无规则的行为空间大多为个人行为较强的室内空间，如居室、办公室等。人在这类空间中的分布，多数为随意分布。因此，这类空间设计时特别要注意灵活性，使之能适应人的多种行为要求。

（3）确定行为空间形态

人在室内空间中的行为表现具有很大的灵活性，即使在行为很秩序的室内空间，其行为表现也具有较大的机动性和灵活性。人的行为和空间形态的关系，也可以看作是内容和形式的关系。一种内容有多种形式，一种形式也可以有多种内容，室内空间形态是多样的。

常见的室内空间形态的基本平面图形有圆形、方形、三角形及其变异图形，如长方形、椭圆形、钟形、马蹄形、梯形、菱形、L形等，以长方形居多。采用哪一种空间形态需要根据人在室内空间中的行为表现、活动范围、分布状况、知觉要求、环境可能性，以及物质技术条件等诸多因素来研究确定。

（4）行为空间组合

行为空间尺度、行为空间行为分布、行为空间形态确定以后，我们就要根据人们的行为和知觉要求对室内空间进行组合和调整。对于单一的室内空间，如教室、卧室、会议室、办公室等，主要是调整室内空间的布局、形态和尺度，使之能够适应人的需要。对于多数的室内空间，如展览馆、旅馆、商场、剧场、图书馆、俱乐部等，则首先要按人的行为进行室内空间组合，然后再进行单一空间的设计。

10.7 室内听觉环境设计与热环境设计

10.7.1 室内听觉环境设计

室内听觉环境设计就是根据声音的物理性能、听觉特征和环境特点，创造一个符合使用者听声要求的良好

的室内声环境。这些环境包括音乐厅、剧场、会堂、礼堂、电影院、体育馆、多功能厅堂等公共建筑,还包括录音室、播音室、演播室、试验室等具有专业声音要求的地方。

一般民间建筑和工业建筑室内的声环境,主要是噪声控制和音质设计。要保证室内场所没有音质缺陷和噪声干扰,具有合适的响度,声能分布均匀,具有一定的清晰度和丰满度。

因此,在设计听觉环境时应与规划、工艺、建筑、结构、设备等各部门密切配合,以便经济合理地满足声学要求。正式使用前还需要对室内音质参数进行测定和主观评价,以便修改与调整。

10.7.1.1 噪声控制

在环境中起干扰作用的声音,使人们感到吵闹或不需要的声音,称为噪声。环境噪声可能妨碍工作者对听觉信息的感知,也可能造成生理或心理上的危害,因而将影响操作者的工作效能、舒适性或听觉器官的健康。但和谐的生产性音乐,对操作者的工作效率却是有益的。

(1) 确定允许噪声值

在通风、空调设备和放映设备正常运行的情况下,根据使用性质选择合适的噪声值。

(2) 确定环境背景噪声值

要实地测量环境背景的噪声值,如果有噪声地图的话,还要结合发展规划(如民航航线)作适当的修正。

(3) 环境噪声处理

合理布置总图,使人们远离噪声源,再根据隔声要求选择合适的围护结构,尽量利用走廊和辅助房间加强隔声效果。

(4) 建筑内噪声源处理

尽量采用低噪声设备,必要时再用如隔声、吸声、隔振等手段进行降噪处理。

(5) 隔声量计算和隔声构造的选择

10.7.1.2 音质设计

(1) 选择合理的房间容积和形态

首先要根据人在环境中的行为要求确定室内空间的大小,再根据视觉、听觉等要求调整室内空间形态。不能满足声学要求时,要配上扩声系统。一般采用几何声学作图法来判断该空间形态是否存在回声、颤动回声、声聚焦、声影区等音质缺陷,再对可能产生缺陷的界面作几何调整,或采用吸声、扩散等方法处理。

(2) 反射面及舞台反射罩的设计

利用舞台反射罩、台口附近的顶棚、侧墙、跳台栏板、包厢等反射面,向池座前区提供早期反射声。

(3) 选择合适的混响时间

根据房间的用途和容积,选择合适的混响时间及其频率特性,对有特殊要求的房间采取可变混响的方式。

(4) 混响时间计算

按初步设计所选材料分别计算125Hz、250Hz、500Hz、1000Hz、2000Hz和4000Hz的混响时间,检查是否符合选定值。有需要的话还要对吸声材料、构造方式等进行调整再重新计标。

(5) 吸声材料的布置

结合室内环境的视觉要求,从有利声扩散和避免音质缺陷等因素综合考虑吸声材料的布置。室内音质设计还须同其他知觉要求结合起来,综合处理听觉与听觉环境的交互作用。

10.7.2 室内热环境设计

在人和环境的交互过程中,皮肤是保护人体不受或减轻自然气候伤害的第一道防线,服装是第二道防线,房屋则是第三道防线。

皮肤——因人而异,不同种族、地区、性别、职业、年龄的人的皮肤对气候冷热的适应和调节功能是不同的,但差异只在一个较小的范围之内。

衣着——和人的生活习惯、生活条件有关,也和劳动保护措施有关。

房屋——取决于房屋结构的隔热、保温性能及其供暖、供冷和通风设备的条件和性能。

由此可见,与室内设计相关的是第三道防线,即室内的供暖、供冷和通风的标准和质量,也就是创造适合人体需要的健康的室内热环境。

10.7.2.1 供暖

冬季供暖首先应该考虑室外的热环境,根据个人、服装、职业的差别和特点,来确定室内合适的温度,参照有效温度线图,确定恰当的舒适温度,根据国家采暖规范确定供暖标准。室内供暖温度不宜太高,室内外温差太大,人从室内走到室外时会感到更加寒冷。

由于房间的位置不同,室内温度变化的幅度是相当大的,房间和走廊不一样,厕所、浴室和客厅不一样,有时冬季温差会相差10℃,这样会给人带来生理负担,因此要进行局部采暖。由于冬季空气干燥,温度高了就容易使病毒繁衍,故供暖时要考虑一定的湿度,保障人们的健康。

10.7.2.2 供冷

夏季供冷不要使室内温度降得过多,温度过低会使人感到不舒服,再到室外时会感到更热。一般室内外温差要控制在5℃以内,最多也不要超过7℃。

还需要注意气流问题,从空调的出风口或室内冷气设备的出风口直接送出来的风,在2m处的风速可达到1m/s,而此时风的温度只有16~17℃,这样会使人感到过冷,容易生病。因此,设计时要避免送风口直接对着人体。

10.7.2.3 通风

通风换气的方法有自然通风和机械通风两种。自然通风是借助热压或风压使空气流动,使室内空气进行交换,而不借助于机械设备。一般应该尽可能采用自然通风,这样不仅节省设备资金,而且更有利于健康。在冬季适当地进行自然通风或换气,可以防止病毒传播;在夏季自然通风有利于人体发汗,能增强舒适感。

只有当自然通风不能达到卫生标准或有特殊要求时,才使用机械通风。自然通风的实现,首先要在建筑规划、总平面布置、建筑形体和朝向时解决,其次是建筑门窗洞口的位置和大小。应尽可能少用空调设备,而是在室内家具、设备布置,建筑门窗洞口位置等方面尽可能利于自然通风。也可以采用自然通风和机械通风相结合的方法,特别是一般民用建筑,如住宅、学校、幼儿园、办公室等,这样经济而有效,热舒适性也较好。

10.7.2.4 嗅觉与环境的交互

嗅觉与环境的交互,实质上就是嗅觉与空气的相互作用。空气里的各种成分有对人体健康有益的,也有有害的。如何创造一个对人体健康有益的室内微气候,是室内设计师的职责之一。

在室内环境设计中,我们可以利用嗅觉阈限的特点,增加对身体有益物质的挥发性或气体流速来唤醒人们的嗅觉。利用嗅觉适应的特点,则可以适当变换房间的气味以引起人们新的感觉。利用嗅觉的掩蔽效应,则可以用舒适气味去改变环境的不愉快气味,如在卫生间里放空气清新剂等。嗅觉的特征与室内空气的品质有着密切的关系。

(1)保持室内空气洁净和新鲜,关键是加强室内通风和换气。

通风不仅有利热环境的改善,而且能维持室内空气新鲜,经常将室外较洁净的新鲜空气引进室内,将室内有害气体排出。

(2)利用嗅觉的掩蔽特性,在公共场所,如餐厅、舞厅、会堂等地方,结合通风,喷洒能振奋精神的有味气体,来掩蔽人群散发出来的使人厌烦的气味。

(3)室内绿化布置和装修材料的选择,尽可能少选用花粉较多的植物,少采用易散落粉末或纤维的装修材料,也就是减少空气中的浮游粒子,以提高空气洁净度。

(4)在室内,特别是公共场所,禁止或减少吸烟,这是减轻嗅觉负担,有利健康的最好办法。

本章思考题

(1)试述人的肢体活动范围。
(2)天然采光主要考虑那些因素?
(3)人工照明有哪些优缺点?
(4)试述色彩在室内环境气氛中所起的作用?
(5)色彩的心理效应有哪些?
(6)什么是空间界面设计?
(7)质地设计的原则与方法有哪些?
(8)质地的视觉特性有哪些?
(9)空间形成的原因是什么?
(10)试述空间构成的分类?
(11)试述空间视觉特性的分类?
(12)什么是空间广阔感?它的视觉特性有哪些?
(13)室内听觉环境设计有哪些要求?
(14)室内热环境设计有哪些要求?
(15)怎样利用设计创造对人体有益的室内环境?

第11章 人机界面设计技术

11.1 人机界面设计概述

11.1.1 人机界面的定义

产品是否被用户接受及其被接受的程度不但取决于传统的市场因素如技术特征、价格和服务，而且越来越多地取决于用户界面的组织及其人体工程设计。产品用户界面若设计不好，用户使用时便会感到困难和麻烦，这样就可能造成产品效益难以发挥，甚至可能造成用户弃之不用。产品界面越是复杂，也就越需要应用人体工程学的理论与方法去解决新技术应用中的各种新问题。人机界面友好和可接受性必然成为产品开发的不可或缺的方面。

人机界面（Human—Computer Interface），是人与机器进行交互的操作方式，即用户与机器互相传递信息的媒介，其中包括信息的输入和输出。好的人机界面美观易懂、操作简单且具有引导功能使用户感觉偷快、增强兴趣，从而提高使用效率。

人机交互界面作为一个独立的、重要的研究领域日益受到了世界各界的广泛关注，并成为20世纪90年代计算机行业的又一竞争领域。

广义的人机界面：在人机系统模型中，人与机之间存在一个相互作用的"面"，称为人—机界面，人与机之间的信息交流和控制活动都发生在人机界面上。机器的各种显示都"作用"于人，实现人—机信息传递；人通过视觉和听觉等感官接受来自机器的信息，经过脑的加工、决策，然后做出反应，实现人—机的信息传递。人机界面的设计直接关系到人机关系的合理性。研究人机界面主要针对两个问题：

（1）显示；
（2）控制。

狭义的人机界面是指计算机系统中的人机界面。人机界面，又称人机接口、用户界面（User Interface）、人机交互（Human—Computer Interaction），是计算机科学中最年轻的分支科学之一。它是计算机科学和认知心理学两大科学相结合的产物，同时也吸收了语言学、人机工程学和社会学等科学的研究成果。通过30余年的发展，已经成为一门以研究用户及其与计算机的关系为特征的主要学科之一。尤其20世纪80年代以来，随着软件工程学的迅速发展和新一代计算机技术研究的推动，人机界面设计和开发已成为国际计算机界最为活跃的研究方向。

界面的说法以往常见的是在人体工程学中。"人机界面"是指人机间相互施加影响的区域，凡参与人机信息交流的一切领域都属于人机界面。"而设计艺术是研究人—物关系的学科，对象物所代表的不是简单的机器与设备，而是有广度与深度的物；这里的人也不是"生物人"，不能单纯地以人的生理特征进行分析。"人的尺度，既应有作为自然人的尺度，还应有作为社会人的尺度；既研究生理、心理、环境等对人的影响和效能，也研究人的文化、审美、价值观念等方面的要求和变化"。

设计的界面存在于人—物信息交流，甚至可以说，存在人物信息交流的一切领域都属于设计界面，它的内涵要素是极为广泛的。可将设计界面定义为设计中所面对、所分析的一切信息交互的总和，它反映着人—物之间的关系。美国学者赫伯特·A·西蒙提出：设计是人工物的内部环境（人工物自身的物质和组织）和外部环境（人工物的工作或使用环境）的接合。所以，设计是把人工物内部环境与外部环境接合的学科，这种接合是围绕人来进行的。"人"是设计界面的一个方面，是认识的主体和设计服务的对象，而作为对象的"物"则是设计界面的另一个方面。它是包含着对象实体、环境及信息的综合体，就如我们看见一件产品、一栋建筑，它带给人的不仅有使用的功能、材料的质地，也包含着对传统思考、文化理喻、科学观念等的认知。"任何一件作品的内容，都必须超出作品中所包含的那些个别物体的表象。"分析"物"也就分析了设计界面存在的多样性。

为了便于认识和分析设计界面，可将设计界面分类为：

（1）功能性设计界面，接受物的功能信息，操纵与控制物，同时也包括与生产的接口，即材料运用、科学技术的应用等。这一界面反映着设计与人造物的协调作用。

（2）情感性设计界面，即物要传递感受给人，取得与人的感情共鸣。这种感受的信息传达存在着确定性与不确定性的统一。情感把握在于深入目标对象的使用者的感情，而不是个人的情感抒发。"设计者投入热情，不投入感情"，避免个人的任何主观臆断与个性的自由发挥。界面反映着设计与人的关系。

（3）环境性设计界面，即外部环境因素对人的信息传递。任何一件产品或平面视觉传达作品或室内外环境作品都不能脱离环境而存在，环境的物理条件与精神氛围是不可或缺的界面因素。

应该说，设计界面是以功能性界面为基础，以环境性界面为前提，以情感性界面为重心而构成的，它们之间形成有机和系统的联系。

11.1.2 人机界面学的起源

人机界面学是由面向人的学科和面向计算机的学科组成的综合性的学科。因此，人机界面学的起源也要从这两个方面分别阐述：

(1) 面向人的学科

从人类设计学历史中我们可以看出，面向人的设计思想很早就萌发了。中国古代的器皿（如尖底彩陶瓶）很好地在功能、造型、装饰三方面达到了完美的统一。19世纪20~30年代，德国包豪斯（Bauhaus）学校在设计理论上提出了"设计的目的是人而不是产品"等观点。随后的斯堪的纳维亚设计的功能主义思想也渗透了温馨、人文的情调等。随着机械化、自动化和电子化的高度发展，人的因素在生产中的影响越来越大，人机协调问题也显得越来越重要。

人机界面学中面向人的知识和方法主要来自于人体工程学、心理学、哲学、生物学、医学等。建立于20世纪的人体工程学是一门实用性很强的学科，从它诞生之日起，即与工业界紧密地联系在一起。第二次世界大战期间，人们认识到对制造出来的各种高效能的新式机器和机器系统（主户、运输、通信、武器和航空飞行器等）进行操纵和控制时，整体系统的各工作效率在很多情况下是由人的活动所决定的。设备的全部潜力没有发挥出来，大部分原因是操纵人员无法掌握电子设备的复杂操作。经验和教训使人们比以往任何时候都更加重视机器设计，使得对机器的操作能够适应大多数普通人的能力范围。这种机器适应人的策略，引起了特定领域内的工程师和生物学界科学家的广泛合作。

(2) 面向计算机的学科

面向计算机系统的知识和方法主要来源于物理、电学和电子工程、控制工程、系统工程、信息论和数理逻辑等。它们分别构成了现代计算机工业的两大基础领域：硬件工程和软件工程。随着计算机技术的发展，硬件工程和软件工程的进一步深入为人机界面设计奠定了基础，并拓展了研究领域。

11.1.3 人机界面学的发展

人机界面学的发展，主要包括硬件人机界面的发展和软件人机界面的发展。随着电子技术和计算机技术的发展，二者逐步走向一体化，成为人机界面系统的一部分。

(1) 硬件人机界面学的发展

硬件人机界面学的发展，以人类社会的三次技术革命作为分水岭，即工业革命、电子技术的出现以及信息革命。

工业革命前，人造物的设计以手工业为主，并与人们的生产劳动、生活方式息息相关。18世纪末在英国兴起了工业革命，机器生产逐渐取代了手工生产，改变了人们的生产、设计方式。从此，为探索设计对人类的生产活动、对社会、文化的关系，各种设计思潮和流派层出不穷，如工艺美术运动、新艺术运动、德意志制造联盟、风格派、包豪斯、流线型等。

20世纪40年代末晶体管的发明，电子技术的出现，使得电子装置的小型化成为可能。机器化大生产逐渐向小型化、电子化方向发展，同时也为第二次世界大战后在自动化生产和信息处理中起关键作用的计算机的广泛使用开辟了道路。二战后的重建也为设计提供了广阔的市场，开辟了新的领域。此时，出现了各种设计风格，如斯堪的纳维亚设计、现代主义、高技术风格、理性主义、后现代设计等。此时的设计，结合了越来越多的工程技术、社会学、心理学、人体工程学等多学科知识。

随着计算机技术和网络技术的逐步发展，第三次浪潮——信息化浪潮迎面而来，信息化改变了人们的生活方式。此时的设计，逐步从物质化设计，转向信息化、非物质化设计。软件开发设计层出不穷，虚拟设计、网络化设计、并行工程逐步成为设计的主流。人与机器的交互走向多通道化、虚拟化。人与人之间的交互也步入网络化、虚拟化。

(2) 软件人机界面学的发展

软件人机界面学的发展，首先必须归功于计算机技术的迅速发展，从而导致计算机应用领域的迅速膨胀，以至今天，计算机和信息技术的触角已经伸入到现代社会的每一个角落。相应的，计算机用户已经从少数计算机专家发展成为一支由各行各业的专业人员组成的庞大的用户大军。作为专门研究计算机用户的一门学科，人机界面学也随之迅速地发展起来。

早期的计算机入门需要用二进制编码形式写程序。这种形式很不符合人的习惯，既耗费时间，又容易出错，大大地限制了计算机的广泛应用。第二代计算机体积小、速度快、功耗低、性能更稳定、在这一时期出现了FORTRAN（Formula Translator）等语言，使人们可以用比较习惯的符号形式描述计算过程，大大地提高了程序开发效率，也使更多的人乐于投入到计算机应用领域的开发工作中。新的职业（程序员，分析员和计算机系统专家）和整个软件产业由此诞生。

随着集成电路（IC）和大规模集成电路的相继问世，使得第三代计算机变得更小，功耗更低、速度更快。计算机专家们还使用了操作系统使得计算机在中心程序的控制协调下，可以同时运行许多不同的程序。在这个时期中另一项有重大意义的发展是图形技术和图形用户界面技术的出现。Xerox公司Polo Alto研究中心（PARC）在20世纪70年代末开发了基于窗口菜单按钮和鼠标器控制的图形用户界面技术，使计算机操作能够以比较直观的、容易理解的形式进行，为计算机的蓬勃发展做好了技术准备。1984年Apple公司仿照PARC的技术开发了新型Macintosh个人计算机，采用了完全的图形用户界面，取得巨大成功。这个事件和1983年IBM推出的PC/XT计算机、微软于20世纪90年代至今推出的系列Windows操作系统一起，启动了微型计算机蓬勃发展的大潮流。

至此，计算机专业人员开发出了易用的图形形式的人机界面，并且已经开发出大量能够帮助普通人解决实际问题的应用程序系统，这两方面的发展都是具有重大意义的、计算机易用性和有用性的提高使更多的人能够接受它、愿意使用它，同时也不断提出各种各样的要求，其中最重要的是要求人机界面保持"简单、自然、友好、方便、一致"。由此人文因素成为计算机产品中越来越突出的问题。

随着计算机技术、网络技术的发展，人机界面学会朝以下几个方向发展：

（1）高科技化

信息技术的革命，带来了计算机业的巨大变革。计算机越来越趋向平面化、超薄型化；便捷式、袖珍型电脑的应用，大大改变了办公模式；输入方式已经由单一的键盘、鼠标输入，朝着多通道化输入发展。追踪球、触摸屏、光笔、语音输入等竞相登场；多媒体技术、虚拟现实及强有力的视觉工作站提供真实、动态的影像和刺激灵感的用户界面，在计算机系统中，各显其能，使产品的造型设计更加丰富多彩，变化纷呈。

计算机辅助产品设计的软件也不断推陈出新,CAD、CAM、SGI、Alias、Pro/D、Pro/E等的出现，改变了设计师以往的工作方式，给设计师提供了更为广阔的造型空间，使得他们能够充分利用先进的计算机技术，设计出优美的造型；大幅度缩短了产品开发周期和上市时间，为企业赢得了市场，也为用户建立起一种良好的为实现功能的桥梁。

（2）自然化

早期的人机界面很简单，人机对话都是机器语言。由于硬件技术的发展以及计算机图形学、软件工程、人工智能、窗口系统等软件技术的进步，图形用户界面(Graphic User Interface)、直观操作(Direct Manipulation)、所见即所得(What you see is what you get)等交互原理和方法相继产生并得到了广泛应用，取代了旧有键入命令式的操作方式，推动人机界面自然化向前迈进了一大步。然而，人们不仅仅满足于通过屏幕显示或打印输出信息，进一步要求能够通过视觉、听觉、嗅觉、触觉以及形体、手势或口令，更自然地进到环境空间中去，形成人机直接对话，从而取得身临其境的体验。

此时的设计，更应该充分发挥整合、协调的作用，在图形艺术、心理学、人机工程学等方面作深入的研究。在软界面设计中，尽可能使用自然语言，发展图、文、声、光等多种形式，使画面空间更加生动、逼真，模拟甚至超过人的现实生活。在硬界面设计中，均衡人与机之间的功能分配，充分发挥人的效能，使人能够享受高科技的成果；各种命令语言、按键设置更加明确，操作方式更加自然，使软界面和硬界面协调起来。

（3）人性化

现代设计的风格已经从功能主义逐步走向了多元化和人性化。今天的消费者纷纷要求表现自我意识、个人风格和审美情趣，反映在设计上亦使产品越来越丰富、细化，体现一种人情味和个性。一方面要求产品功能齐全、高效，适于人的操作使用，另一方面又要满足人们的审美和认知精神需要。

现代电脑设计，已经摆脱了旧有的四方壳纯机器味的淡漠。尖锐的棱角被圆滑的圆角所代替；单一的米色不再一统天下；机器更加紧凑、完美，被赋予了人的感情。软界面中颜色、图标的使用，屏幕布局的条理性，软件操作间的连贯性和共通性，都充分考虑了人的因素，使之操作更简单、友好。建立自然化、人性化的人机界面已成为当今资讯社会研究的主课题。我们继续采用的图形用户界面(WIMP)有其内在的不足，在人机交互界面中，计算机可以使用多种媒体而用户只能同时用一个交互通道进行交互，从计算机到用户的通信带宽要比用户到计算机的大得多，这是一种不平衡的人机交互。目前，人机交互正朝着从精确向模糊，从单通道向多通道以及从二维交互向三维交互的转变，发展用户与计算机之间快捷、低耗的多通道界面。

（4）和谐的人机环境

今后计算机应能听、能看、能说，而且应能善解人意，即理解和适应人的情绪或心情。未来计算机的发展是以人为中心，必须使计算机易用好用，使人以语言、文字、图像、手势、表情等自然方式与计算机打交道。外国大公司如IBM、微软等在中国国内建立的研究院大多以人机接口为主要研究任务。我们必须在技术竞争中，特别是在汉语语音、汉字识别等方面取得主动权。这里，在软件方面要重点解决：汉语识别与自然语言理解，虚拟现实技术，文字识别，手势识别，表情识别等。力争在5~10年内使汉语识别成为较流行的人机交互方式，手势识别、表情识别等新技术开始应用。

11.1.4 人机界面学的研究内容

人机界面学主要是两大学科——计算机科学和认知心理学相结合的产物，同时还涉及人机工程学、哲学、生物学、医学、语言学、社会学、设计艺术学等，是名副其实的跨学科、综合性的科学，它是研究覆盖很广的领域，从硬件界面、界面所处的环境、界面对人（个人或群体）的影响到软件界面，以及人机界面开发工具等。概括的分类，可分为背景、文法、设计经验与工具构成。

从狭义的人机界面来讲，Hewett等将人机界面分为自然的人机交互、计算机使用与配置、人的特征、计算机系统与界面结构、发展过程等5个部分。广义的人机界面研究包含认知心理学、人体工程学、计算机语言学、艺术设计、智能人机界面、社会学与人类学等。

按照如上研究内容，有人把人机界面分为三类：

(1) 功能性界面

对功能性界面来说，它实现的是使用性内容，任何一件产品或内外环境或平面视觉传达作品，其存在的价值首要的是在于使用性，由使用性牵涉多种功能因素的分析及实现功能的技术方法与材料运用。在这一方面，分析思维作为一种理性思维而存在。如果作为一种处理方式来设计产品，则这种产品会使多种特征性（如民族性、纯粹性）因素中性化，如果去除产品商标，就很难认出是哪国的或哪个公司的产品。当然，这方面也说明了产品中存在着共同性因素，它使全人类做出同样的反应。人的感觉和判断能力具备国际性、客观性的特征。

功能性界面设计要建立在符号学的基础上。国际符号学会对符号学所下定义是：符号是关于信号标志系统（即通过某种渠道传递信息的系统）的理论，它研究自然符号系统和人造符号系统的特征。广义地说，能够代表其他事物的东西都是符号，如字母、数字、仪式、意识、动作等，最复杂的一种符号系统可能就是语言。设计功能界面，不可避免地要让使用者明白功能操作。每一步操作对人来说都应该是符合思维逻辑，是人性化的，而对机械、电子来说则应是准确的、确定无疑的，双方的信息传递是功能界面的核心内涵。

(2) 情感性界面

一个家庭装饰要赋予家居的温馨，一副平面作品要以情动人，一件宗教器具要体现信仰者的虔诚，其实任何一件产品或作品只有与人的情感产生共鸣才能为人所接受。"敝帚自珍"正体现着人的这种感情寄托，也体现着设计作品的魅力所在。现代符号学的发展也日益在这一领域开拓，以努力使这种不确定性得到压缩，部分加强理性化成分。符号学逐渐应用于民俗学、神话学、宗教学、广告学等领域，如日本符号学界把符号学用于认识论研究，考察认识知觉、认识过程的符号学问题。同时，符号学还用于分析利用人体感官进行的交际，并将音乐、舞蹈、服装、装饰等都作为符号系统加以分析研究，这都为设计艺术提供了宝贵与有借鉴价值的情感界面设计方法与技术手段。

(3) 环境性界面

任何的设计都要与环境因素相联系，它包括社会、政治和文化等综合领域。处于外界环境之中，是以社会群体而不是以个体为基础的，所以环境性因素一般处于非受控与难以预见的变化状态之中。

纵观设计史，我们可以利用艺术社会学的观点去认识各个历史时期的设计潮流。18世纪起，西方一批美学家已经注意到艺术创造与审美趣味深受地理、气候、民族、历史条件等环境因素的影响。法国实证主义哲学家孔德指出："文学艺术是人的创造物，原则上是由创造它的人所处的环境条件决定。"法国文艺理论家丹纳认为"物质文明与精神文明的性质面貌都取决于种族、环境、时代三大因素"。无论是工艺美术运动、包豪斯现代主义还是20世纪80年代的反设计、现代的多元化、"游牧主义"，都反映着环境因素的影响。环境性界面设计所涵盖的因素极为广泛，它包括有政治、历史、经济、文化、科技、民族等，这方面的界面设计正体现了设计艺术的社会性。

以上说明了设计艺术界面存在的特征因素，说明在理性与非理性上都存在明确、合理、有规则、有根据的认识方法与手段。

成功的作品都是完善地处理了这三个界面的结晶。如贝聿铭设计的卢浮宫扩建工程，功能性处理得很好，没有屈从于形式而损害功能；但同时又通过新材料及形式反映新的时代性特征及美学倾向，这是环境性界面处理的典范；人们观看卢浮宫，不是回到古代，而是以新的价值观去重新审视、欣赏，它的三角形外观符合人们的心理期望,这是情感性界面处理的极致。

当然,应该说设计界面的划分是不可能完全绝对的,三类界面之间在涵义上也可能交互与重叠,如宗教文化是一种环境性因素,但它带给信仰者的往往更多的却是宗教的情感因素。在这里环境性和情感性是不好区分的,但这并不妨碍不同分类之间所存在的实质性的差异。

11.2 硬件人机界面设计

11.2.1 硬件人机界面的设计风格

设计是人类为了实现某种特定的目的进行的一项创造性活动,是人类得以生存和发展的最基本活动,它包含在一切人造物的形成过程之中。回顾人类发展的文明史,早在古代的人类就已经萌发了在器物上进行艺术造型活动、进行美的创造。在许多石器、陶瓷器、青铜器、铁器器物上都可看到独特的造型形式和多种精美的饰样。而真正意义上的硬件界面设计,还是从工业革命开始加。因此,要了解硬件人机界面的设计风格,先来简要回顾一下硬件产品界面设计风格的历史变迁。在此值得一提的是,无论历史上出现了什么样的设计风格,都是与当时的生产力水平、社会文化背景等相联系的。因此,在考察这些设计时,都不能脱离当则的实际背景来研究。

11.2.1.1 工业革命与设计

工业革命是18世纪末在英国兴起、到19世纪中叶在欧洲各国竞相完成的。当时,欧洲的工业革命给全世界生产方式带来了历史性的影响,机器生产逐渐取代了手工生产,使生产力得到了发展。当时,人们热衷于对机器生产的高效率和利润的追求。对于在产品生产前的设计工作中所遇到的种种变化没有予以充分地考虑,如机器批量生产使产品形式、产品的装饰单一,机器生产代替手工生产,产品的形式必然是简单的几何形态代替复杂的自然形态,具有几何形态的产品如何给人以美感等。人们对于具有新功能、新结构、新工艺、新材料的工业产品还不知道如何在外观形式上表现美,也没有建立起工业时代新的美学观和新的设计理论与方法,而只满足于匆促地借用历史传统的式样,进行工业产品的外表形式设计。

11.2.1.2 工艺美术运动与设计

对1851年伦敦"水晶宫"国际工业博览会的批评运动,诞生了拉斯金和莫里斯为代表的"工艺美术运动"。工艺美术运动产生于所谓的"良心危机"。在设计上,工艺美术运动从手工艺品的"忠实于材料"、"合法于目的性"等价值中获取灵感,并把源于自然的简洁和忠实的装饰作为其活动基础。从本质上说,它是通过艺术与设计来改造社会,并建立起以手工业为主导的生产模式。

工艺美术运动对于设计改革的贡献是重要的,它首先提出了"美与技术结合"的原则。但工艺美术运动将手工艺推向了工业化的对立面,违背了历史的发展潮流,由此使英国设计走了弯路。

11.2.1.3 新艺术运动与设计

在"工艺美术运动"的影响下,1900年左右在欧洲大陆和美洲大陆,以法国和比利时为中心,包括西班牙、意大利、南斯拉夫、瑞典、挪威、芬兰、荷兰、美国在内,掀起了一场声势浩大的设计高潮,人们称之为"新艺术运动"。这是设计史上第一个有计划有意识寻求一种新风格的设计运动,也是以装饰艺术风格为特征的设计运动。

新艺术运动十分强调整体艺术环境,即人类视觉环境中的任何人为因素都应精心设计,以获得和谐一致的总体艺术效果。新艺术反对任和艺术和设计领域内的划分和等级差别,认为不存在大艺术与小艺术,也无实用艺术与纯艺术之分,主张艺术与技术相结合,注重制品结构上的合理和工艺手段与材质的表现。他们主张从自然界汲取素材,反对采用直线进行设计,而主张以曲线构形强调装饰美。尽管他们承认机械生产的必要性,但是由于他们刻意追求曲线美和装饰美,使这一运动的发展结果趋向形式化,而没有把艺术因素的外在形式与事物的内在属性相统一,导致产品的功能与形式相矛盾。

11.2.1.4 德意志制造联盟与包豪斯

设计真正在理论和实践的突破,来自于1907年成立的德意志制造联盟。制造联盟的设计师为工业进行了广泛的设计。其中最富创意的设计是为适应技术变化应运而生的产品,特别是新兴的家用电器的设计。

作为现代设计的发源地,其理论和方法直到今日仍对设计有重大影响的理所当然要数"包豪斯"(Bauhaus,1919～1933年)学校了。它是在现代设计先驱,建筑师格罗皮乌斯领导下于1919年4月1日在德国魏玛成立的。在设计理论上,包豪斯提出了三个基本观点:

(1) 艺术与技术的新统一;

(2) 设计的目的是人而不是产品;

(3) 设计必须遵循自然规律和客观的法则来进行。

三个重大观点使设计走上了一条正确的道路。

包豪斯的设计理论原则是:提倡自由创造,抛弃传统形式和附加装饰,尊重技术自身的规律和结构自身的逻辑;尽量发挥材料性能在机器成型条件下对形式美的表达;强调"形式追随功能"的几何造型的单纯明快,使产品具有简单的轮廓和流畅的外表，以便促进标准化的批量生产并兼顾到商业因素和经济性，强调产品必须是实用。包豪斯的理论原则实质上是功能主义设计原则。强调产品外观形式的审美创造要从经济和效能原则出发，简洁就是美。但包豪斯也有其局限性。由于它以功能主义理论作为设计的指导方针，强调"形式必须追随功能"，使产品设计缺乏人情味，没有和谐感；以几何形状为设计的中心，追随几何形的单纯甚至到了忽略功能的地步；强调批量生产的标准化，忽视社会需求的多样化和个性化，使得产品形式单一。

11.2.1.5 流线型设计

流线型设计是产生于美国并以美国为中心的一种设计风格。流线型设计风格为现代生活及设计产生了深刻的影响。流线型原来是空气动力学上的一个概念名词，指那种表面圆滑，线条流畅而空气阻力小的物体形状，在产品设计中的流线型风格实际上是一种象征速度和精神的"样式"（style）语言。

流线型最早出现在交通工具的设计中，随着人们对它的喜爱，以及审美情趣的变化，流线型很快成为时代和时髦的象征，在产品设计中表现出来，影响着从电熨斗、烘烤箱、电冰箱甚至家具等一系列产品中，成为20世纪三四十年代乃至当今最为流行的设计风格之一。流线型设计具有强烈的现代特征，一方面，它与现代艺术中的未来主义和象征主义一脉相承，用象征性的设计将工业时代的精神和速度的赞美表现出来；另一方面，它与现代工业技术的发展密切相关。

11.2.1.6 国际主义风格与现代设计

真正把设计在实践中推向高潮，并在广义的范围内使设计普及和专业化是从美国开始的。20世纪四五十年代被称为是一个节制与重建的年代，美国和欧洲的设计主流是在包豪斯理论基础上发展起来的现代主义，又称"国际主义"。现代主义在第二次世界大战后的发展以美国和英国为代表。现代主义在美英两国的设计推广、发展中曾以"优良设计"（Good Design）为代称，得到普及。

11.2.1.7 多元化的设计浪潮与后现代主义设计

设计本就因生活的需要而产生，为生活需要而设计的。生活随着社会科学技术的发展、人们生活水平和审美情趣的改变而改变。20世纪60年代，当现代主义设计登峰造极之时，不同的设计取向，不同的设计需求已经开始勃发和涌动了。

现代主义设计的理论基础是建筑师沙利文的"形式追随功能"和米斯.凡记.罗的"少就是多"（Less is more），它适合于20世纪二三十年代经济发展及大战后重建的需要，同时，它又是机器工业文明中理性主义的产物。随着世界经济发展和结构的调整，原先的设计理念已经不适应社会的发展，而呈现出多元化的趋势。

（1）理性主义与"无名性"设计

在设计的多元化潮流中，以设计科学为基础的理性主义占着主导地位。它强调设计是一项系统工程，是集体的协同工作，强调对设计过程的理性分析，而不追求任何表面的个人风格，因而体现出一种"无名性"的设计特征。这种设计观念试图为设计确定一种科学的、系统的理论，即所谓用设计科学来指导设计，从而减少设计中的主观意识。作为科学的知识体系，它涉及心理学、生理学、人体工程学、医学、工业工程等各个方面，对科学技术和对人的关系进入了一个更加自觉的局面。

随着技术越来越复杂，要求设计越来越专业化，产品的设计师往往不是一个人，而是由多学科组成的设计队伍。国际上一些大公司都建立了自己的设计部门，设计一般都是按照一定程序以集体合作的形式完成的。因此，很难见到带有强烈个人风格的设计。20世纪60年代以来，以"无名性"为特征的理性主义设计为国际上一些引导潮流的设计集团所采用，如荷兰的飞利浦公司、日本的索尼公司、德国的布劳恩公司等。

（2）高技术风格

高技术风格的设计是20世纪70年代以来兴起的一种着意表现高科技成就与美学精神的设计。其设计特征是喜爱用最新的材料，以暴露、夸张的手法塑造产品形象，有时将本应该隐蔽包容的内部结构、部件加以有意识的裸露；有时将金属材料的质地表现得淋漓尽致，寒光闪烁；有时则将复杂的组织结构涂以鲜亮的颜色用以表现和区别，赋予整体形象以轻盈、快速、装配灵活等特点，以表现高科技时代的"机械美"、"时代美"、"精确美"等新的美学精神。

（3）后现代主义设计与孟菲斯

后现代（Post-Modern）主义是旨在反抗现代主义纯而又纯的方法论的一场运动。它广泛地体现在文学、哲学、批评理论、建筑及设计领域中。所谓"后现代"并不是指时间上处于"现代"之后，而是针对艺术风格的发展演变而言的。

后现代主义的影响首先体现在建筑领域。1966年，美国著名建筑设计师文丘里发表了《建筑的复杂性与矛盾性》一书。这本书成了后现代主义最早的宣言，文丘里的建筑理论是"少就是乏味"，与现代主义"少就是多"针锋相对，鼓吹一种杂乱的、复杂的、含混的、折衷的、象征主义和历史主义的建筑。

在产品设计界，后现代主义的重要代表就是意大利的"孟菲斯"（Memphis）设计师集团。"孟菲斯"对功能有自己全新的解释，即功能不是绝对的，而是有生命的、发展的。它是产品与生活之间一种可能的关系。这样功能的含义就不只是物质上的，也是文化上的、精神上的。产品不仅要有使用价值，更要表达一种特定的文化内涵，使设计成为某一文化系统的隐喻或符号。"孟菲斯"的设计都尽力去表现各种富于个性的文化意义，表达了从天真滑稽到怪诞、离奇等不同的情趣，也派生出关于材料、装饰及色彩等方面的一系列新观念。

11.2.2 信息时代的硬件界面设计

20世纪80年代以来，由于计算机技术的快速发展和普及以及因特网的迅猛发展，人类进入了一个信息爆炸的新时代。信息技术和因特网络的发展在很大程度上改变了整个工业的格局，新兴的信息产业迅速崛起，开始取代钢铁、汽车、石油化工、机械等传统产业，成为知识经济时代的生力军，摩托罗拉、英特尔、微软、苹果、IBM、康柏、惠普、美国在线、亚马逊、思科等IT业的巨头如日中天。以此为契机，工业设计的主要方向也开始了战略性的转移，由传统的工业产品转向以计算机为代表的高新技术产品和服务，在将高新技术商品化、人性化的过程中起到了极其重要的作用，并产生了许多经典性的作品，开创了界面设计发展的新纪元。

11.2.2.1 苹果电脑公司

美国苹果电脑公司在这方面的工作是最具代表性的，成了信息时代工业设计的旗帜。苹果电脑公司1976年创建于美国硅谷，1979年即跻身于财富前100名大公司之列。苹果首创了个人计算机，在现代计算机发展中树立起了众多的里程碑，无论是在硬件界面设计，还是在软件界面设计，都起了关键性的作用。苹果不但在世界上最先推出了塑料机壳的一体化个人计算机，倡导图形用户界面和应用鼠标，而且采用连贯的工业设计语言不断推出令人耳目一新的计算机，如著名的苹果II型机、Mac系列机、牛顿掌上电脑、Powerbook笔记本电脑等。这些努力彻底改变了人们对计算机的看法和使用方式，计算机成了一种非常人性的工具使日常工作变得更加友善和人性化。由于"苹果"一开始就密切关注每个产品的细节并在后来的一系列产品中始终如一地关注设计，从而成了有史以来最有创意的设计组织。

在苹果公司，优秀的设计是企业的一项战略，而不仅仅是美学的抉择。为了保证计算机软件与硬件的一致性，苹果公司开发了自己的系统软件，这在计算机生产厂家中是绝无仅有的。苹果软件的图形界面、移动光标、拖动操作、下拉式菜单等早已成了业界标准。

1998年"苹果"推出了全新的iMac电脑，再次在计算机设计方面掀起了革命性的浪潮，成了全球瞩目的焦点，iMac秉承苹果电脑人性化设计的宗旨，采用一体化的整体结构和预装软件，插上电源和电话线即可上网使用，大大方便了第一次使用电脑的用户，打消了他们对技术的恐惧感。从外形上看，iMac采用了半透明塑料机壳，造型雅致而又略带童趣；色彩则采用了诱人的糖果色，完全打破了先前个人电脑严谨的造型和乳白色调的传统，高技术、高情趣在这里得到了完美的体现（图11-1）。

在由美国《时代》（TIMES）杂志举行的"1999年度世界之最"评选中，苹果电脑公司的iBook便携式电脑获得了"年度最佳设计"奖，专家们对iBook"没有麻烦的接口"交口称赞。这已经是苹果电脑公司连续第二年在《时代》杂志年度评选中名列前茅，一年前的1998年12月，iBook的兄长iMac获得了同一家杂志颁发的"1998年最佳申脑"称号，并名列"1999年度全球10大工业设计"第三名。

2001年底，苹果公司推出了新iMac。新的iMac建立在15英寸的纯平显示器基础上。不需要用户调整脖子、肩膀和后背，只需用手搭轻轻一按，新iMac显示器就会渐渐地滑动，使用户毫不费力就可以调节其高度和角度；DVD驱动器就置于显示器底座的前面，其设计浑然一体，给人们又带来了一股清风。

图11-1 苹果iMac电脑

色彩鲜艳的iMac电脑取得的巨大成功不仅挽救了苹果公司，而且还激发了微软公司、戴尔公司、盖特韦公司和康柏公司的灵感，它们推出了大量造型新颖、成本较低的个人计算机软硬件产品。其他行业如家电、汽车、医疗等也开始审视自己的设计，重视产品的外观界面设计了。如新型甲壳虫汽车的形象，不仅为人们重新注入了古典和新潮的理念，也成了促进汽车行业变革的催化剂。

11.2.2.2 IBM公司

除了苹果公司以外，其他一些计算机公司也十分注重利用工业设计来提升自己产品的品质和树立企业形象，IBM公司就是一个典型的例子。IBM是美国最早引进工业设计的大公司之一，在著名设计师诺伊斯的指导下，IBM创造了蓝色巨人的形象。但是从80年代起，IBM的工业设计开始走下坡路，优秀的设计越来越少，品牌形象趋于模糊，这也反映了企业在经营上的不景气，创新精神逐渐消失。到了20世纪80年代末，IBM已与竞争者无多大的差异，融汇在"乳白色"的海洋之中。

为了改变这种局面IBM的高层决定回归到设计计划的根本——以消费者导向的质量、亲近感和创新精神来反映IBM的个性。通过公司内部自上而下的努力，IBM终于以Think Pad笔记本的设计为突破，实现了IBM品牌的再生，重塑了一种现代、革新和亲近的形象。

11.2.2.3 宏基公司

台湾的计算机生产厂家宏基公司也由于在设计上的投资，而由一家知名度不高的厂家一跃成为世界级的大公司。1995年初，宏基预见到了家用PC的市场不断扩大，决定专注于家用PC市场，于是委托著名的青蛙设计公司（Frog Design）创造崭新的产品系列。设计人员以人的需求为导向，将文化、热情与刺激融为一体，使个人计算机真正具有个性。其结果是一种介于家用电器与计算机之间的全新产品——Aspire，这款产品易于使用，适合于家庭环境，并且有全新的外观。产品造型以圆弧为特征，通风孔随机分布大小不等的圆孔。就好像切开的瑞士奶酪。Aspire采用蓝色机身，而不是传统的乳白色。这一独特的设计取得了极大的成功，在世界上刮起了一阵Aspire旋风，市场反应大大超乎预料，并获得了1996年美国工业设计优秀奖的计算机类金奖。

11.2.3 显示界面设计

11.2.3.1 人的信息加工过程概述

人的信息加工过程表现为感觉加工、知觉、记忆与认知、反应选择和反应执行等一系列阶段，每一阶段的功能在于把信息转变成某种其他操作。信息加工的程序中没有固定的起始点，加工可以从最左边的环境输入开始，也可以从程序中间的某个地方开始。

感觉、知觉和认知是人的心理过程，是认识外界事物的活动。注意，是把知觉和思考限定在少数特定事物的心理活动机能，或者说注意是心理活动（意识）对一定对象的指向和集中。

（1）注意的范围（广度），即在同一时间内能够把握的对象数量。

（2）注意的紧张度（强度），指心理活动对某一事物的高度集中，同时撇开其他事物的紧张程度。它与注意的范围是相互联系、成反比的。注意的紧张度越高，注意的广度越小；注意的广度越大，注意的紧张度越低。

（3）注意的持久性（稳定性），指心理活动长时间保持在从事的某种活动上的能力。

在人的信息加工过程中，人类的注意限制是最难克服的问题，我们有太多任务要完成的时候，就会忽视某些任务。当我们要考虑操作者在复杂的刺激环境中如何搜索关键信息，一点刺激被发现后又是如何处理这些信息的时候，我们就要考虑注意的每一个成分。

11.2.3.2 信息显示方式与位置

机器和设备中，专门用来向人表达机器和设备的性能参数、运转状态、工作指令，以及其他信息的界面。称为显示界面。在人机界面设计中根据人接受信息的感觉通道不同，可以将显示界面分为视觉显示界面、听觉显示界面和触觉显示界面，其中以视觉和听觉显示界面最为广泛。由于人对突然发生的声音具有特殊的回应能力，所以听觉显示器作为紧急情况下的报警装置，比视觉显示器具有更大的优越性。触觉显示是利用人的皮肤受到触压或运动刺激后产生感觉向人传递信息的一种方式。上述三种显示界面方式传递的信息特征。

视觉显示界面有的很简单，如一个指示灯，一块布告牌、一支温度计；有的很复杂，如计算机监视器。飞机上的多功能电子显示器，核电站中央控制室内的显示屏等。

一般来讲，视觉显示界面可以分为数量型、性状型、再显型、警报与信号等几种。

仪表是出现最早，应用最广泛的一种视觉显示器。仪表的职能就是呈现信息，使人能够快速、正确的判读。仪表有垂直式、水平式、圆形式、半圆形式、开窗式及数字式等。研究表明，开窗式显示的判读最为准确，但是一般不宜单独使用；数字式仪表直接用数码来指示有关参数，占用空间小而且读书效率比较高；圆形仪表虽然在读数效率上比不上开窗式，但它可以看出仪表的变化趋势；而高度表宜使用垂直式仪表，符合人的知觉习惯。在设计时应该根据用途来选择合适的仪表式样。随着电子和信息技术的发展，荧光屏显示得到越来越多的应用，荧光屏显示的独特优点在于既能显示图形、符号、信号，又能显示文字。既能做追踪显示，又能显示多媒体的图文动态画面，在人机信息交换中发挥着更大作用。

显示信息的位置应按以下原则进行设计：

（1）根据固视停留与信息提取的困难性及信息的重要性有一定关联的特性，可以确定需要频繁注视的装置就是对操作者的任务很重要的装置，根据这个事实，布局设计时可以把最重要和最经常使用的信息尽可能在视野中心3°范围内，一般性的信息设在20°～40°范围内，次要信息设在40°～60°范围内，对于80°以外的视野范围，因视觉认读效率低一般不宜显示信息。

（2）经常依次取样的显示应该设计在彼此相邻的地方，以提高认读效率，降低误读率。

（3）按心理学要求，信息的排列应当符合操作信息的逻辑性，因此应该把显示根据所传递的信息或功能进行分组排列。

（4）人眼的水平运动比垂直运动的速度快且幅度宽，因而显示信息排列的水平范围应大于垂直范围；人眼还习惯于自左至右、自上而下和顺时针方向圆周运动的扫视，显示信息的排列顺序与方向也应符合这些原则。

（5）人的记忆是不完善的，经常会有遗忘的情况发生。因此，在界面设计中对于需要注意的重要信息应设置取样提醒装置，提醒操作者对某个特别的信息源进行取样。根据人的知觉特性，可以采取亮的、彩色的及变化的特征来引导人的视觉注意。如果信息的显示维度相同。空间接近性和目标性也能产生有用的突显特征，如对称性、外形或顺序，可以用来提醒注意。

11.2.3.3 文字的大小与排列

界面中文字的设计应能在所有使用条件下提供最大的易读性。一般，界面中出现的文字的大小可由Peters和Adams建议的公式确定，即：

$$H = 0.002\ 2D + 25.4 \cdot (K_1 + K_2)$$

式中　H——目标的高度（mm）；

　　　D——人眼与目标的距离（mm）；

　　　K_1——与内容重要性相关的系数，一般情况取0，重要的情况取0.075；

　　　K_2——与照明条件相关的系数，根据照明条件为很好、好和一般分别取0.06，0.16和0.26。

当目标是几何图形时，由于几何图形比文字更易识别，图形大小可参考文字尺寸而定。

11.2.3.4 颜色编码的应用

颜色编码是界面设计一个重要方面。颜色具有感染力和吸引力，如果运用合适，可使眼睛较容易地认读信息，提高工作效率，还能影响人的情绪，颜色编码是界面设计一个重要方面，颜色会给人一种赏心悦目的感受。显示内容的颜色编码应用应注意以下几个方面：

（1）为了使显示的信息清晰醒目、美观协调，显示界面中颜色搭配也应遵循色彩配置原则。常用的配色方法有调和与对比两种处理方法。色彩调和是指两种或两种以上的色彩合理搭配，产生统一和谐的效果，包括同种色的调和、类似色的调和、对比色的调和等；色彩的对比是指色彩并置时，因色彩、明度、纯度不同而表现出明显的差别，产生比较作用。色彩对比的减弱就意味着调和的开始，两者之间存在着既互相排斥、又互相依存的关系。色彩设计的关键在于处理好色彩的对比与调和的关系。

（2）人眼对低饱和度和低亮度的色彩不敏感，不适宜用于正文、细线或小形状上，适宜作为背景或大面积区域；人的视觉习惯看暗背景比看亮背景的耐劳时间长3～4倍，因此明度和纯度低的弱色常用于大面积的背景色。

（3）醒目色会过分刺激人眼，引起疲劳，不能大面积使用。明度和纯度高的强色适用于小面积和局部的地方，可以用来引导人的注意。

（4）用色彩（色调）来区分信息时，应选择足够的色差，易于区分。

（5）改变明度来给信息分类或使信息更加醒目。

（6）选择与心理感受上一致的颜色，例如表示警告、危险用红色。

（7）在同一界面中使用的颜色数不宜太多，一般以不超过7种为宜。

正确、合理地应用颜色能提高观察和辨认的准确率，保护操作者的视觉和心理功能，营造良好的工作环境，提高系统的整体效率。

11.2.4 控制界面设计

控制界面主要指各种操纵装置，包括手动操纵装置和脚动操纵装置。在手动操纵装置中，按照其运动方式又可以分为旋转式操纵器，如旋钮、摇柄等；移动式操纵器，如按钮、操纵杆、手柄等；按压式操纵器，如各式各样的按钮、按键等。在这些界面设计中，都需要人给予一定的力的作用，这些力都需要一定的信息反馈。

在设计控制界面前必须分析：

（1）控制界面的功能；

（2）控制操作的要求；

（3）控制过程中的人机交互；

(4) 作业者的负荷（脑力、体力）。

对于需要多个操纵器的场合，为减少操作错误，可以对操纵器进行编码设计，常用的有形状、大小、颜色和标志编码等。

(1) 形状编码

利用操纵器外观造型设计的不同进行区分，是一种比较容易的方法。形状编码必须保证在不观看的情况下，通过触觉也能够正确辨别。

(2) 材料编码

根据控制材料的不同，可对其表面肌理进行编码，如使光滑表面区别于粗糙表面。在夜间操作或作业者不能直接观察控制件的情况下，此编码方式十分适合。

(3) 位置编码

位置编码是利用空间位置的不同，通过人的运动感觉来正确辨别。人的垂直方位感觉优于水平方向的感觉（上肢运动）。

(4) 色彩编码

色彩具有比形状更强烈的冲击力，是最佳的编码方式。色彩编码一般只有红、橙、黄、绿、蓝等五种，色彩多了容易使人混淆。颜色编码要受到照明强度的影响。

(5) 标注编码

当操纵器数量较多，在形状难以区分时，可在操纵器上刻以适当的符号以示区别。符号设计应简单易辨，有很强的外形特征，如键盘上的字母符号设计等。

11.2.5 视觉显示终端作业的人机界面设计

视觉显示终端作业岗位在各种视觉信息作业岗位设计中最具典型性，对其人机界面关系的分析方法也适用于类似的视觉信息作业岗位的分析。这类作业大多数采用坐姿岗位。

图11-2 坐姿作业

11.2.5.1 人—椅界面

人—椅界面设计，即"座"的界面设计。

在坐姿状态下，支持人体的主要结构是脊柱、骨盆、腿和脚等。脊柱位于人体背部中线处，由33块短圆柱状椎骨组成，包括7块颈椎、12块胸椎、5块腰椎和下方的5块骨及4块尾骨，相互间由肌腱和软骨连接，如图11-3所示。

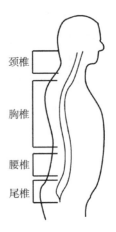

图11-3 人体脊柱示意图

一些专家建议人应该直腰坐着，以保持脊柱的自然"S"形状。在人直腰坐着时，椎间盘内压力比弯腰坐时小；但坐着时适当放松，稍微弯曲身体，可以缓解背部肌肉的负荷，使整个身体感觉舒服。其实，肌肉和椎间盘对坐姿的要求是矛盾的。直腰坐有利于降低椎间盘内压力，但肌肉负荷大；弯腰坐有利于肌肉放松，却增加了椎间盘的内压力。因此，对"座"的界面设计，还要根据具体情况具体分析。

在人—椅界面上，首先要求作业者保持正确坐姿，正确坐姿为：头部不过分弯曲，颈部向内弯曲；胸部的脊柱向外弯曲；上臂和下臂之间角度约为90°，而上臂近乎垂直；腰部的脊柱向内弯曲；大腿下侧不受压迫，几乎放在地板或脚踏板上。组成良好人—椅界面的另一要求是，座椅可以调节座椅高度使作业者坐下后脚能平放在地板或脚踏板上；调节座椅靠背，使其正好处于腰部的凹处，由座椅提供的符合人体解剖学的支撑作用，而使作业者保持正确坐姿。

11.2.5.2 眼—视屏界面

在眼—视屏界面上，首先要求满足人的视觉特点，即从人体轴线至视屏中心的最大阅读距离为710~760mm，以保护人眼不受电子射线伤害，俯视最大角度不超过15°，以防止疲劳；视屏的最大视角为40°，以保持一般不转动头部。

眼—视屏界面的另一要求是：选用可旋转和可移动

的显示器。建议显示器可调高度约为180mm，显示器可调角度为-5°～15°，以减少反光作用。如设置固定显示器，其上限高度与水平视线平齐，以避免头部上转。

11.2.5.3 手—键盘界面

在手—键盘界面上，要求上臂从肩关节自然下垂，上臂与前臂的最适宜的角度为70°～90°，以保证肘关节受力而不是上臂肌肉受力，还应保持手和前臂呈一直线，腕部向上不得超过20°。在手—键盘界面设计时可选择高度固定的工作台，为适应所有成年人的使用，应选用高度可调的平板以放置键盘。键盘在平板上可前后移动，其倾斜度在5°～15°范围内可调。在腕关节和键盘间应留有100mm左右的手腕休息区；对连续作业时间较长的文字、数据输入作业，手基本不离键盘，可为其设置一款舒适手腕垫，以避免作业者引起手腕疲劳综合症。

11.2.5.4 脚—地板界面

脚—地板界面对坐姿视觉显示作业岗位也是一个重要的人—机界面。如果台、椅、地三者之间高差不合适，则有可能形成作业者脚不着地，从而引起下肢静态施力，也有可能形成大腿上抬，而引起大腿受到工作台面下部的压迫。这两种由不良设计引起的后果，都将影响作业人员的舒适性和安全性。

11.3 软件人机界面设计

11.3.1 软件人机界面概述与分析

由于受传统观念的影响，很长一段时间里，人机界面一直不为硬件开发人员所重视，认为这纯粹是为了取悦用户而进行的低级活动，没有任何实用价值。评价一个应用软件质量高低的唯一标准，就是看它是否具有强大的功能，能否顺利帮助用户完成他们的任务。近年来，随着计算机硬件技术的迅猛发展，计算机的存储容量、运行速度和可靠性等技术性能指标有了显著的提高，计算机硬件的生产成本却大幅度下跌，个人计算机日益普及。新一代的计算机用户，在应用软件的可操作性以及软件操作的舒适性等方面对应用软件提出了更高的要求。除期望所用的软件拥有强大的功能外，更期望应用软件能尽可能地为他们提供一个轻松、愉快、感觉良好的操作环境。这表明，人机界面的质量已成为一个大问题，友好的人机界面设计已经成为应用软件开发的一个重要组成部分。

众所周知，软件是一种工具，而软件与人的信息交换是通过界面来进行的，所以界面的易用性和美观性就变得非常重要了，这就需要好好利用人机界面设计的原则及设计的方法。一般来说，完成软件人机界面设计需考虑以下问题：

（1）界面总体布局设计，即如何使界面的布局变得更加合理。例如，我们应该把功能相近的按钮放在一起，并在样式上与其他功能的按钮相区别，这样用户使用起来将会更加方便。

（2）操作流程设计，即通过设计工作流程，而使用户的工作量减小，工作效率提高。例如，我们如何才能让用户用最少的步骤，完成一项操作。使用传统界面的软件，鼠标要点击50下，在屏幕上移动2万个像素的距离才能完成，而使用具有人机界面设计的软件只需要点击鼠标25下，在屏幕上移动5000个像素就能完成。那么用户在使用这种软件时就要比使用传统界面的软件工作效率提高4倍，那么用户自然会选用您的软件了。

（3）工作界面舒适性设计，即使用户更加舒适的工作。例如，我们用什么样的界面主色调，才能够让用户在心情愉快的情况下，工作最长的时间而不感觉疲倦呢？红色：热烈，刺眼，易产生焦虑心情。蓝色：平静，科技，舒适。明色：干净，明亮，但对眼睛较多刺激，长时间工作易引起疲劳。暗色：安静，大气，对眼睛较少刺激。微软公司公司浅灰色的系统主色调及ICON协调的成功运用，已经促使目前国际所有的软件产品形成一种的规范，这也是微软成功的重要因素之一。

（4）人机界面设计并不是简单的外壳包装，一个软件的成功是与其完善的功能实现、认真的调试是分不开的。但任何产品开发前的整体规划，将也是人机界面设计的关键因素之一，在运做过程中注重的不仅仅是美观实用的表现，将更多考虑规划中产品的底层技术准则，优化体现出一个软件产品的灵魂所在。

（5）我们需要正规的理解及调查的实施性，MAC的外壳色彩创新带动了现在所有机器的个性化，但早在以前ACER也出过墨绿色的机箱，但却很失败。原因有两个：一个是设计的还是不够；另外就是时机不好，因为当时大众的品位还不够。我们需要对合作伙伴的需求进行正规的分析规划，人机界面设计才可以得到正确实施。由此可见，人机界面设计是一门综合性非常强的学科，它不仅借助计算机技术，还要依托于心理学，认知科学，语言学、通信技术及戏剧、音乐、美术多方面的理论和方法。所以为能达到用户满足的界面，需好好学习人机界面设计这一学科，领会其精髓。

11.3.2 软件人机界面设计

11.3.2.1 软件人机界面的设计过程可分为以下几个

步骤：

（1）创建系统功能的外部模型设计模型主要是考虑软件的数据结构、总体结构和过程性描述，界面设计一般只作为附属品，只有对用户的情况（包括年龄、性别、心理情况、文化程度、个性、种族背景等）有所了解，才能设计出有效的用户界面；根据终端用户对未来系统的假想（简称系统假想）设计用户模型，最终使之与系统实现后得到的系统映象（系统的外部特征）相吻合，用户才能对系统感到满意并能有效的使用它；建立用户模型时要充分考虑系统假想给出的信息，系统映象必须准确地反映系统的语法和语义信息。总之，只有了解用户、了解任务才能设计出好的人机界面。

（2）确定为完成此系统功能人和计算机应分别完成的任务

任务分析有两种途径：一种是从实际出发，通过对原有处于手工或半手工状态下的应用系统的剖析，将其映射为在人机界面上执行的一组类似的任务；另一种是通过研究系统的需求规格说明，导出一组与用户模型和系统假想相协调的用户任务。

逐步求精和面向对象分析等技术同样适用于任务分析。逐步求精技术可把任务不断划分为子任务，直至对每个任务的要求都十分清楚；而采用面向对象分析技术可识别出与应用有关的所有客观的对象以及与对象关联的动作。

（3）考虑界面设计中的典型问题

设计任何一个人机界面，一般必须考虑系统响应时间、用户求助机制、错误信息处理和命令方式四个方面。系统响应时间过长是交互式系统中用户抱怨最多的问题，除了响应时间的绝对长短外，用户对不同命令在响应时间上的差别亦很在意，若过于悬殊用户将难以接受；用户求助机制宜采用集成式，避免叠加式系统导致用户求助某项指南而不得不浏览大量无关信息；错误和警告信息必须选用用户明了、含义准确的术语描述，同时还应尽可能提供一些有关错误恢复的建议。

此外，显示出错信息时，若再辅以听觉（铃声）、视觉（专用颜色）刺激，则效果更佳；命令方式最好是菜单与键盘命令并存，供用户选用。

（4）借助CASE工具构造界面原型，并真正实现设计模型软件模型一旦确定，即可构造一个软件原型，此时仅有用户界面部分，此原型交用户评审，根据反馈意见修改后再交给用户评审，直至与用户模型和系统假想一致为止。一般可借助于用户界面工具箱(User interface toolkits)或用户界面开发系统(User interface development systems)

提供的现成的模块或对象创建各种界面基本成分的工作。

11.3.2.2 设计界面的运用原则

（1）合理性原则，即保证在系统设计基础上的合理与明确。

任何的设计都既要有定性也要有定量的分析，是理性与感性思维相结合。努力减少非理性因素，而以定量优化、提高为基础。设计不应人云亦云，一定要在正确、系统的事实和数据的基础上，进行严密地理论分析，能以理服人、以情感人。

（2）动态性原则，即要有四维空间或五维空间的运作观念。一件作品不仅是二维的平面或三维的立体，也要有时间与空间的变换，情感与思维认识的演变等多维因素。

（3）多样化原则，即设计因素多样化考虑。当前越来越多的专业调查人员与公司出现，为设计带来丰富的资料和依据。但是，如何获取有效信息，如何分析设计信息实际上是一个要有创造性思维与方法的过程体系。

（4）交互性原则，即界面设计强调交互过程。一方面是物的信息传达，另一方面是人的接受与反馈，对任何物的信息都能动地认识与把握。

（5）共通性原则，即把握三类界面的协调统一，功能、情感、环境不能孤立而存在。

设计界面所包含的因素是极为广泛的，但在运用中却只能有侧重、有强调的把握。设计因素虽多，但它仍是一个不可分割的整体。它的结果是物化的形，但这个形却是代表了时代、民族等方面的意识，并最终反映出人的"美"的心理活动。

设计界面的运用，核心是设计分析。在一些国际性的大公司，如索尼、松下、柯尼卡等，都有许多的成功案例可为借鉴。如柯尼卡公司设计其相机时，首先不是去绘制"美"的形或考虑技术的进步，而是进行人的日常行为分析，做出故事版(STORY)。它先假定对象人的年龄为35岁，并分析他的家庭、喜好与憎恶，分析他的日常行为，进而考察其人在什么场合需要样的人机界面，从而为设计提供概念(CONCEPT)与目标(TARGET)，进行设计。经过分析，设计师有了明确的概念与目标，并随信息的交互产生了创造力。

另一方面，设计师自身对社会环境也要进行深入的认识与考察，对设计的作品取向有清晰的认识：是否符合人们的消费预期？是否能感受到人们的审美知觉？日本设计师佐野邦雄先生曾作一图——生活的变迁与设计师的课题，将日本及世界上某些非常有影响性的事件，如技术的进步、企业的发展等都进行了归纳，进而对设计有了深入的认识与感悟。

所以，要运用好设计的界面，理性的认识是首要的，其次就是创造性的，而且是有实效性的分析、处理信息。设计不是一成不变的，分析方法也不是一成不变的，设计的界面同样是在人—物的信息交流中变化发展的。

11.4 人机界面评价技术

怎样评价一个人机界面设计质量的优劣，目前还没有一个统一的标准。一般，评价可以从以下几个主要方面进行考虑：

(1) 用户对人机界面的满意程度；
(2) 人机界面的标准化程度；
(3) 人机界面的适应性和协调性；
(4) 人机界面的应用条件；
(5) 人机界面的性能价格比。

目前人们习惯于用"界面友好性"这一抽象概念来评价一个人机界面的好坏，但"界面友好"与"界面不友好"恐怕无人能定一个确切的界线，一般认为一个友好的人机界应该至少具备以下特征：

(1) 操作简单，易学，易掌握；
(2) 界面美观，操作舒适；
(3) 快速反应，响应合理；
(4) 用语通俗，语义一致。

需指出，一个用户界面设计质量的优劣，最终还得由用户来判定，因为软件是供用户使用的，使用者才是最有发言权的人。

11.4.1 软件人机界面评价

无论是人机界面的形式方法还是人机界面设计的评价理论都是很不成熟的。何况软件界面的交互过程极为复杂，单纯地采用形式方式进行评价，很难考虑用户的认知特性。尤其是在形式语言的较高层次上，迄今为止尚没有解决如何进行评价的规格化描述。因此，从目前而言，较为可靠并且切实可行的是采用各类经验方法进行评价。

下面将分别介绍四类方法即观察方法、原型评价方法、咨询方法、实验方法。

(1) 观察法

收集数据最有效的方法就是观察。观察方法能够提供大量的有关用户与界面交互的数据信息。其中多数为可度量的客观性数据信息，也能获得有关用户认知的有价值的主观性数据信息。

观察方法主要研究人机交互过程。通常受到时间、资金、数据分析等因素的限制，因此一般只能对少数实验用户进行观察，并且限于对一些具体问题进行详细研究。常用的观察方法有如下四类。

1) 直接观察法

在用户与界面进行交互操作时，评价人员在实验用户身边进行直接观察，并进行记录。它的基本做法是邀请用户进行少量仔细选择过的系统任务，然后由评价人员对用户行为等情况进行全面观察，直接获得各类所需要的数据信息，在一段适当的时间（如一个或两个小时）之后，以邀请用户做出一般性的评论和建议，或对一些特定的问题做出反映。

直接观察法的优点是评价人员的现场记录能比较准确地反映实际情况，不用进行事后的回忆或处理。缺点是用户在整个观察过程中身心状态不可能保持一致，可能处于疲劳期、兴奋期，甚至厌恶期，从而会直接影响到观察的顺利进行。其次是这种方法对用户存在很大的干扰性。

2) 录像录制与分析

用录像机记录下用户与界面交互的整个过程，包括用户的操作、界面显示的内容，以及用户各种状态，如思考过程等。事后向设计者重放，显示用户遇到的问题。

与直接观察法相比，它有提供大量丰富的数据信息等优点，并且能长期保持完整的人机交互的记录。提供反复观察和分析的可能。其缺点是录像记录一般都长达2～3小时，分析起来非常费事。因为用录像设备很费钱费时，录像带的重放检验也是一个很乏味的工作，所以只有在想要发现特别的偶然事件时才在关键阶段使用。

3) 系统监控

在大多数可用性实验室都配备或开发了软件，以观察和登记用户的活动并有自动的时间标志。在用户与界面进行交互时，界面系统自身能够对用户输入的某些数据进行自动记录，例如出现的错误、特殊命令的使用等，还可以通过计时器，对用户输入进行统计以得到各个事件的发生频率等。

与其他观察方法相比，系统监控记录的数据异常精确。其次，在监控系统建立以后，收集数据和统计的过程自动化高、可靠，而且获得的数据客观公正、具体明确，为进行系统性能的评价、对比提供了客观的基础，并且不存在对用户的任何干扰。其缺点是局限性较大，一般只能收集到用户对系统的直接操作，不可能收集到有关用户主观性的活动（例如思考）之类的信息，因此，这种方法最好与其他方法一起同使用。

4) 记录的收集和分析

要求用户自述他们在与系统交互时的所作所为及其思维活动、决定和原因。即要求用户不断地报告：我在干什么？为什么如此？以下准备干什么？记录方法比以上的观察方法更能够从用户角度了解到用户与系统交互的完整经历、思维和行为过程。

(2) 原型评价方法

在界面研发过程中对于屏幕设计以及程序的测试未获得用户的反馈是至关重要的。以用户为中心和交互式设计的重要因素之一就是原型（prototyping）方法，原型方法的目的是将界面设计与用户的需求进行匹配。一般来讲，原型方法可分为以下三种：

1）快速原型（rapid prototyping）。在快速原型中原型迅速成型并分配实施、在原型试验收集的信息基础上，系统从草案中得以完善。

2）增量原型（incremental prototyping）。增量原型应用于大型系统，它从系统的基本骨架开始，需要阶段性的安装。其系统的本质特征是在初次安装完后允许阶段性测试，以减少遗漏重要的特征。

3）演化原型（evolutionary prototyping）。演化原型对前期的设计原型不断进行补充和优化，直到成为最后的系统。

原型方法类似于动态仿真，但它使用专门的软件开发工具，所产生的界面和实际的界面设计非常一致，而且比由动态仿真提供的界面要复杂得多。

原型方法成为评价者重视的焦点，它不仅可以节省大量工作上的开支，而且可以纠正工作中双方的分歧。甚至产生新的设计思路和方法。在原型设计评价方法中，设计者和用户是捆绑在一起进行的。它有利于工作的顺利开展和双方的交互、沟通。例如，当评价中发现了用户需求的变化时，往往会导致对原型设计指标方案的变化。使一个按部就班进行的既定方案的设计变成了具有很大变动的逐步发展的设计过程。通过评价可以有选择地决定是对原方案进行修改，设计仍依据原方案按原计划进行还是丢弃它并寻找新的方法。

(3) 咨询法

咨询方法的形式，是直接向广大用户或经过选择的样本用户进行询问，然后对收集到的反馈信息进行统计分析，产生有用的评价结论。其特点，是要预先设计和构造好咨询手段或工具（例如调查表、座谈提纲等）。能够对大批用户同时逐一咨询，从用户那里直接取得关于对系统界面评价的第一手材料。

咨询方法的优点是：首先，这种方法比较直接，实行起来比较简单，并且只要构造好咨询手段或工具，便能迅速地收集数据。其次，由于咨询对象广泛，收集的数据量大，因此产生的评价结论比较可靠和具有普遍性。再次，能够预先调查用户对于界面的需求，从而使设计和开发的界面易于被用户接受和喜爱。当然，咨询方法也有不足之处。例如，只能向用户询问他们了解的内容，而且只能收集用户的主观回答，不可能像其他方法那样取得客观数据。为了保证咨询方法取得较好的效果，关键在于设计好咨询手段和工具，在设计咨询工具时必须注意：

1）咨询工具的稳定性

要用同一个工具广泛地适应不同环境、不同用户、不同时间、不同地点，以保证测试结果的稳定性。

2）咨询工具的内部一致性

向用户提出的问题应该尽可能明确、具体，符合相应的咨询内容，不要掺入无关的因素，不要模棱两可，无从下手。

(4) 实验法

实验法区别于其他方法的特点，是它有更明确具体的测试目的，并按照严格的测试技术和步骤，得出直观和验证性的结论。它更适合对不同的界面设计或特点进行比较性测试。它可以将观察或咨询方法获得的数据信息作为实验的基础，反之，在其他方法的实施过程中，也可以引用实验法的结论。

实验法的基本原则是：在其他若干变量被妥善控制的情况下，实验者系统地改变某一变量A，然后观察A的系统变化对另一个变量B的影响。变量A通常被称为实验变量，变量B通常被称为因变量。

实验方法有一套严格规定执行的步骤，即建立实验目标和条件假设、实验设计、实验运行、数据分析。

11.4.2 硬件人机界面评价技术

在硬件界面设计中，评价一般是经常性的。硬件界面设计的评价方法有很多种，形式也多种多样，本书仅介绍以下几种方法。

(1) 简单评价法

1）排队法（01法）

在很多方案中出现优劣交错的情况下，将方案两两比较，优者计1分，劣者计0分，将总分求出和，总分最高者为最佳方案。

2）名次记分法

这种评价方法一般是由一组专家对N个待评方案进行总评。每个专家按方案的优劣排出这N个方案的名次，名次最高者给N分，名次最低者给1分，依此类推。然后把每个方案的得分数相加，总分最高看为最佳。

这种方法也可以依评价目标，逐项使用，最后再综合各方案在每个评价目标上的得分，用一定的总分计分方法加以处理，得到更为精确的评价结果。

（2）分功能评价法

分功能评价方法是将几个分功能在大功能中进行评价，看哪一种更重要。

（3）评分法

评分法是一种定量评价的方法，它针对评价目标；以知觉判断为主，按一定的打分标准作为评定方案优劣的尺度。以下介绍应用评分法进行评价时所使用的评分标准、评价方式，总分记分方法和加权系数的确定等问题。

（4）意象尺度法

意象尺度是一个心理学概念，是人们深层次的心理活动，它主要借助科学的方法，通过对人们评价某一事物的心理量的测量、计算、分析，降低人们对某一事物的认知维度，得到意象尺度分布图，比较分析其规律的一种方法。意象尺度法（又称语意区分评价法），主要用于非定量评价，其研究日臻成熟，主要用于色彩、造型等研究中。

其评价过程是：

1）确定评价项目（评价目标），如造型或者色彩样本等。

2）确定评价尺度。

3）确定形容词对。形容词对的选取一般可以按照区分语言的3种因子，即评价因子（Evaluation）、潜力因子（Potency）和活动因子（Activity）中得到，各形容词对的强度水平用很、较、有点、中常等来表示。

4）被试选择。为了保证实验研究的公正性和合理性，被测试者的选择也是很重要的，一般选择与实验研究相关的被试，量越大，统计值越合理；同时，对于测试环境，测试前对被试的讲解，以及发给被试报酬等都会对研究结果产生影响。

5）测试数据分析，包括人工统计和计算机数据处理。

6）规律分析。

11.5 可用性技术

可用性（Usability）是交互式IT产品/系统的重要质量指标，指的是产品对用户来说有效、易学、高效、好记、少错和令人满意的程度，即用户能否用产品完成他的任务，效率如何，主观感受怎样，实际上是从用户角度所看到的产品质量，是产品竞争力的核心。

ISO 9241-11国际标准对可用性作了如下定义：产品在特定使用环境下为特定用户用于特定用途时所具有的有效性（effectiveness）、效率（efficiency）和用户主观满意度（satisfaction）。其中：

有效性——用户完成特定任务和达到特定目标时所具有的正确和完整程度；

效率——用户完成任务的正确和完整程度与所使用资源（如时间）之间的比率；

满意度——用户在使用产品过程中所感受到的主观满意和接受程度。

可用性工程（Usability Engineering）是交互式IT产品/系统的一种先进开发方法，包括一整套工程过程、方法、工具和国际标准，它应用于产品生命周期的各个阶段，核心是以用户为中心的设计方法论（user-centered design，简称：UCD），强调以用户为中心来进行开发，能有效评估和提高产品可用性质量，弥补了常规开发方法无法保证可用性质量的不足，20世纪90年代以来开始在美、欧、日、印等国IT工业界普遍应用。

可用性工程用于交互式IT产品/系统的开发，包括计算机软硬件、网站、电子出版物以及以嵌入式软件为核心的信息家电和交互式仪器设备，还可用来设计用户手册、联机帮助和培训课程，甚至列车时刻表、税务申报表等许多信息密集型的表单也可以用这种方法来开发。

对产品开发厂商来说，可以减少后期维护，降低开发成本，缩短工期，提高用户接受度，增强产品竞争力，提高企业信誉度。

对用户和使用单位来说，可以提高用户生产效率，减少培训和技术支持费用，提高用户工作的舒适满意程度，提高系统建设投资效益和使用效益。

本章思考题

（1）给出人机界面狭义和广义的定义。

（2）人机界面的研究内容主要有哪些？

（3）显示信息的位置设计有哪些原则？

（4）软件人机界面设计需考虑哪些问题？

（5）软件人机界面的设计过程有哪些步骤？

（6）软件人机界面设计有哪些参考原则？

（7）人机界面评价考虑的因素有哪些？

（8）试述软件人机界面的评价方法。

（9）试述硬件人机界面的评价方法。

（10）试述可用性技术的含义。

第12章　数字化人体工程

12.1 数字化人体工程技术概述

12.1.1 定义

数字化人体工程技术可确保产品的人机特性得到满足，克服上述的人机缺陷。数字化人体工程技术，是利用计算机建立人体和机器（产品）的计算模型，融入人体生理特征，模拟人操作机器的各种动作，把人机相互作用的动态过程可视化。同时，充分利用人体工程学的各种评价标准和评价方法，对产品开发过程中的人机因素进行量化分析和评价，对产品创新提供强有力的支持。

总的说来，传统的人体工程技术主要是用于对已有产品进行分析评价。而数字化人体工程技术，是利用计算机建立的三维的人机环境，在产品设计过程中就可以对其进行分析评价，避免了人力物力的耗损。同时，在设计初期就已经考虑到人—机—环境三者因素，为产品今后在其他领域的应用提供评价依据。

数字化人体工程技术在产品设计和制造过程中也已得到了广泛应用，尤其在产品设计领域中，人机标准数据库、三维人体模型及一些简单的人机软件系统，已被广泛应用于设计过程，并作为检验和分析产品设计方案人机关系的工具。同时在CAD技术领域，人机界面技术和虚拟仿真技术的人机交互技术的研究也有了重大进展。人机界面模型、虚拟界面、多用户界面、多感官界面已成为人机界面技术的几大重要研究方向。而在虚拟仿真技术中则通过计算机软硬件系统的虚拟仿真，进而有效地进行人机关系的设计、评估、检验等工作。

12.1.2 研究内容

纵观世界数字化人机工程的研究现状，主要包括以下几大方面。

12.1.2.1 人体数据库

人体数据库是三维人体建模的基础，也是人体工程分析与评价系统研究和开发的基础。我国在人体尺度方面的研究较为薄弱，而一些发达国家，如英、法、美、日等国都早已形成较为成熟的原型技术，在产品设计、服装设计和制造流程中起着重要作用。

人体尺度的研究主要包括静态尺寸和动态尺寸数据两大类。静态尺寸主要指人的生理数据，主要包括提供人体各部分的尺寸、体重、体表面积、比重、重心以及人体各部分在活动时的相互关系和可及范围等人体结构特征参数。目前，我们国家颁布的人体静态数据还沿用的是20世纪80年代末的，亟待更新。除了静态尺寸之外，在人体工程仿真的应用上需要大量的动态尺寸。人体的每一个动作和姿势都是通过人体若干关节相互协调的系列运动来实现的，因此需要对人体运动特性精确分析，提供人体各部分的出力范围、活动范围、动作速度、动作频率、重心变化以及动作时的习惯等人体机能特征参数，为人机仿真提供依据。

人体数据是人体建模的基础。目前现有的人体测量数据库都不含有三维身体的形体数据，因此，在开发人体模型时，只能利用多个现有人体测量数据库，或者利用专门设备进行采集和补充。

(1) 利用现有人体测量数据库

世界上目前已有90多个大规模的人体测量数据库，其中欧美国家占了大部分，亚洲国家约有10个。如NASA人体测量数据库、美国军队人体测量数据库、法国的ETAS、英国的PeopleSize、韩国的KRISS、中国的GB/T和JB/T等。而基于人体测量等技术建立起来的人体数据咨询、仿真软件也较多。如英国的PeopleSize 2000二维人体数据咨询系统、JACK采用1988年美国军队人事调查（ANSUR 88）中的测量数据、NASA RP-1024(1978)研究报告等，定义三维人体模型的尺寸和形状，并且可以对身体某一部位进行缩放；SAMMIE系统采用数据驱动来控制人体模型，不依赖任何一组特定人体数据资源，从中值和标准偏差值方面用专用文件来描述每个关节的长度，允许用户自己建立和修改。

(2) 运用专门设备进行采集

从技术发展来看，现在一般采用非接触式三维数字化测量仪来进行数据采集和补充，其中代表性的有Vitronic（德国）、Cyberware（美国）和Telmat（法国）等。Cyberware数字化仪由平台、传感器（光学系统）、计算机、Cyberware标准接口（SCSI）及CYSURF处理软件构成。平台一般有3个自由度（X、Y、Z），电机驱动，典型的分辨率为0.5mm。Cyberware全身彩色3D扫描仪主要由DigiSize软件系统（Models WB4和Model WBX）构成，能够测量、排列、分析、存储、管理扫描数据，不仅可以采集人体数据，而且还可以帮助人体建模。

12.1.2.2 虚拟人体建模

在人体工程分析与评价系统中，三维虚拟人体建模有以下特点：

（1）对人体表面精度要求不高。同数字影视中的虚拟人体要求表面精细、注重外观不同，人机系统中的虚拟人更注重运动特性。人机系统中的虚拟人要求能够仿真人机作业环境中的各种动作，为动态的进行人机评价做准备。

（2）基于人体测量数据的三维建模。不同生理参数的人在同一个人机环境中所表现出的人机特性是不同的，基于人体测量数据的参数化建模方法是人体工程分析与评价系统中的人体建模所必须采取的，要求能够根据不同的生理参数构造不同的虚拟人体。

12.1.2.3 人体工程咨询系统

一般来讲，人体工程咨询系统包括两种类型：一种是各种人机适配咨询，例如，Budnick等人在LISP和Hypertext基础上开发了一个原型系统——CDEEP，采用规则库处理人体工程设计标准和提供解决问题的策略，为工程师提供人体工程建议；ErgoCop是一个工作空间设计信息系统，它集成了设计人员和人体工程专家知识，以文本、图表、图片、照片等形式，为设计人员设计项目时提供各种需要的数据和知识；Gilad等人开发了一个人体工程系统ERGOEX来辅助工作空间设计，包括基本的设计参数、实际要求的情景和系统建议的支持等，为工业工程师、人事经理以及员工提供咨询。另一种是人体数据咨询，包括各种国别、年龄、性别的人体测量学数据，如PeopleSize、Delmia等。

12.1.2.4 人体工程仿真系统

通过构筑虚拟环境和任务，置入虚拟人模型，进行动态的人体工程动作、任务仿真，满足不同人体工程应用分析的要求，实现与CAD、CAE等软件的有效集成。

在人体工程分析与评价系统中，必须对虚拟人进行调节和控制，如工作姿势调整、作业仿真，用以执行一定的任务，实现人体工程仿真。

目前，虚拟人的运动控制和仿真主要通过以下方式单独或者综合完成，常用方法有关键帧方法（Keyframe）、基于物理的方法（Physically-based）逆运动学方法（Inverse Kinematic）以及过程方法（Procedural）等。

12.1.2.5 人体工程评价系统

通过嵌入人体工程评价标准，基于运动学、生理学等模拟人的使用方式，实现工作任务仿真中的实时人机性能与人机适配分析。

虚拟人的人机特性与人体建模、仿真运动、人机评价息息相关。一般而言，虚拟人的人机特性包括：可视度（View Cones）、可及度（Reach Zones）、力和扭矩评价系统（Human Force and Torque Analysis）、脊柱受力分析（Spine Force Analysis）、舒适度评价系统（Comfort Assessment）、疲劳分析（Fatigue Analysis）、低背受力分析（Low Back Analysis）、举力评价（Lifting Analysis）、能量消耗与恢复评价系统（Metabolic Energy Expenditure）、NIOSH、姿势分析（Posture Analysis）、决策时间标准（Predetermined Time Standards）、静态施力评价（Static Strength Prediction）等。以上分析模型在任务定义后与生物力学/生理学模型、人体测量模型通信，根据预定的任务个案数据进行综合。

每一个评价体系都有着自身不同的评价指标，这些指标的制定基本上以"人机系统"为出发点，以"人"为中心，由多门学科的标准综合而来，包括：

（1）人体科学：应用人体测量学、人体力学、劳动生理学、劳动心理学等为人机评价提供参数标准，如人体结构特征参数、出力范围、活动范围、能量消耗、疲劳等。

（2）工程科学：从计算机技术、工业设计、工程设计等出发，研究显示与控制、作业空间布局的设计，减少人体的工作负荷，增强舒适程度，为人机评价提供人机作业标准等。

（3）环境科学：从人所处环境如光、热、声、振动等因素为人机评价提供健康、安全与舒适等标准。

12.1.3 发展趋势

数字化人体工程已经被纳入产品开发的生命周期中，成为虚拟产品开发（VPD）的重要组成部分，在许多领域得到应用。但是它也具有自身的局限性，主要表现在：

（1）人体模型基本都是刚体，在某些柔性产品设计中，很难达到设计所需的评价效果。

（2）难以支持工业设计过程，难以实时评价设计活动或概念产品。

（3）目前的应用系统停留在一些特殊用途，如军事航行器、汽车、舰船等，而且成本高，难以支持小型化产品设计。

（4）工作状态需要设计人员调节，在某些评价场合还需要依赖设计人员的主观判断，很难确保评价的准确性和正确性。

（5）各个国家的人的生物力学特性不一样，这就需要嵌入大量的人体模型、人机评价标准，或者允许二次开发，以适合不同国度、行业的需要。

同时，随着计算机技术和网络技术的发展，数字化人体工程也将呈现新的面貌：

（1）真实感——提供逼真的人体模型和环境、任务建模，赋予丰富的人体动作、材质以及人体感知、决策模型，人机交互更加和谐。

（2）小型化——目前的系统基本都基于工作站平台，以后将与小型微机系统结合起来，并且与产品设计的过程更加紧密化。

（3）智能化——人工智能的发展，为人体工程技术智能化、人性化奠定了基础，包括辅助设计过程的智能化、人机交互的智能化、物理仿真的可感知、数据采集与分类的智能化等。

（4）网络化——21世纪是网络的世纪。产品生命周期管理（PLM）的网络化，设计过程、制造过程和流通过程的数字化、一体化，必将使数字化人体工程在数字化工厂、协同设计以及网络经济中发生重大的作用。

（5）在人体工程仿真中，可视化交互与访问、协同化是核心问题，人机虚拟人体模型中将建立基于共享视（Shared-view）的分布式通讯原语，实现实时分布仿真和多点协同设计。

12.2 虚拟人体模型

12.2.1 虚拟人体模型概述

虚拟人是真人在计算机世界中的化身，使用虚拟人代替真人应用于产品设计中，可以避免很多由真人测试所带来的危险，降低产品开发的成本。

虚拟人在人体工程研究中的应用始于飞机、车的设计以及军事训练等。而在虚拟人本身的研究方面，利柏伦（Leppanen）在1986年以查阅文献的方式统计了17个不同的人的模型，而最早的人的模型是由D.Popdimitrov于1967年发表的。随后卡尔活夫斯基（Karwowski）于1990年发表了12个不同的人的模型。莫尔（Moore）和韦尔斯（Wells）按照应用的不同，将虚拟人分为以下几种：

（1）用于视域、可及度分析；

（2）用于预测低背受力分析；

（3）用于姿势分析；

（4）用于肌肉受力分析。E·S·荣格（E·S·Jung）也给出了面向人体工程应用的虚拟人的主要组成部分，如图12-1所示。

在我国，研究工作者也作了大量的工作。如北京航空航天大学的袁修干等人主要在人机系统仿真中的三维人体建模的方面进行了研究；中国科学院计算机技术研究所CAD开放实验室的詹永照等人，给出了以多面体组合建立粗略的人体，用多面体细分割来逼近真实人体曲面的方法，并在建模中考虑了人体的动态特性，为建立人体动画模型创造了条件；浙江大学的孙守迁等人在对座椅、冰箱、摩托车等产品的概念设计阶段，利用虚拟人进行人机分析、评价。

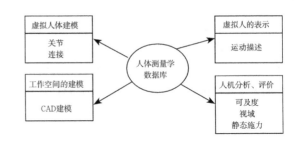

图12-1 虚拟人的主要组成部分

通过以上对虚拟人现状及其在人机系统中的应用的分析，我们可以看出虚拟人的研究已趋于成熟。今后，将着重研究通用的虚拟人模型以及与产品概念设计模型的结合等问题。

目前在进行人机设计、分析评价时所采用的虚拟人体模型主要有两种：基于二维人体模板的平面虚拟人和基于三维人体模板的虚拟人。

基于二维人体模板的平面虚拟人，是根据人体测量数据进行处理和选择而得到的标准人体尺寸。英国的人体数据公司研制了一个PeopleSize系统，就是一个基于平面线框图的人体数据系统，对人体各部分的主要尺寸及比例关系进行了比较详细的研究。在进行人机系统设计时，二维人体模板可以作为设计师考虑主要人体尺寸时的辅助工具。

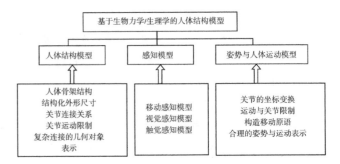

图12-2 基于生物力学/生理学的人体模型结构模型

用于人机分析、评价的三维人体模型是以人体生物力学及人体生理学为基本参照，是多种生物力学、生理学模型的综合体，同时还加入了人体行为和功效学特性以实现人机分析、评价。图12-2是在总结人体模型的功能特点的基础上，给出的基于生物力学及生理学的人体结构模型。

目前，在三维虚拟人体模型的应用中，由美国宾夕法尼亚大学开发的人机分析评价软件Jack是其中较为典型的一个。Jack中所用的人体模型，不仅具有运动学特性而且还具有动力学特性。它将整个人体模型分为皮肤和骨骼2层，由69个骨骼段（segments）、136个自由度（DOFs）以及1183个多边形面片组成。其中，骨骼层用来实现人体的运动、受力等的分析。

除了以上这两大技术以外，数据库、虚拟现实等技术也是主要的人体工程的辅助技术。其中，数据库技术主要用于建立人体测量学数据库方面，虚拟现实技术则用于人机系统的虚拟环境，在飞机维修、军事训练等方面显得尤为重要。

12.2.2 虚拟人控制技术

在虚拟工作空间，必须对虚拟人进行调节和控制，如工作姿势、运动，以执行一定的任务。目前，在数字化人体工程中，虚拟人的运动控制和仿真主要通过以下方式单独或者综合完成。

（1）直接控制。直接控制允许用户通过输入设备交互地控制环境中几何对象的位置和方向，例如平移、旋转等，从而实时了解操作结果。对于铰接在一起的人体而言，构件的移动会影响其他部位，因此，一般采用约束来定义他们之间的关系，并通过逆运动学（Inverse Kinematics）算法来实现约束满足。

（2）关键帧技术。关键帧技术是一种简单、直接的运动控制技术，它依靠操作者的经验技巧，手工确定主画面（关键帧），让软件采用插值技术插入画面，即自动生成主要姿势之间的各帧。中间帧的生成由计算机来完成插值，所有影响画面图像的参数都可成为关键帧的参数，如位置、旋转角度、纹理的参数等。

但是，由于关键帧插值不考虑人体的物理属性以及参数之间的相互关系，得到的运动不一定符合评价要求。在人体工程仿真中，通常引入位置插值和朝向插值。位置插值通过样条驱动插值和速度曲线插值来实现。样条驱动动画指预先设定好物体的运动轨迹或路径（path），然后指定物体沿改轨迹运动。物体运动轨迹一般为三次样条曲线，通过调整路径的形状和位置，就可以改变人体的运动过程。

（3）运动学方法。运动学包括正运动学（Forward Kinematics）和逆运动学。正运动学方法使用户能够实时调整关节的角度；逆运动学方法要求用户指定末端关节的位置与方向，由计算机自动计算出各中间关节的角度。

由于运动学方法只考虑了物体的运动学特性而没有考虑物体的动力学特性，并且代之以用户交互确定一些关键帧来生成运动，这种运动不能完全反应物体的真实运动，难以实现真实的人体工程评价，还需要给运动物体赋予动力学特性。

（4）动力学方法。关键帧方法与运动学方法在生成人体运动时，都没有使用人体所受力与力矩，物理逼真性难以验证。

动力学方法则是根据人体各关节所受的力与力矩，计算出人体各关节的加速度、速度，最后确定人体运动过程中各姿态。与关键帧方法和运动学方法相比，使用动力学方法生成的运动符合物理规律，具有物理逼真性。但该方法要求运动设计人员确定人体各关节所受的力与力矩，通常比较困难。为此，常需要使用逆动力学方法或基于约束的方法。

（5）过程动作。过程动作是指用一个过程去控制物体的动作，它在解决一些特殊类型的运动如行走、跑步等十分有效。通过这一方法，设计人员只需要确定一小部分参数（例如速度、步长等），就可以得到一个具体的运动过程。

（6）动作捕获。动作捕获（motion capture）是当前常用的一种用来生成运动的技术，在人体工程中有一定的应用。它通过在运动者身上放置采样点，通过传感器来记录主要运动信息，然后利用记录下来的数据产生动作。

（7）姿势库。在人体工程软件中，一般具备姿势库，将通用的一些姿势通过各种方法记录下来，内置在姿势库中，如行走、跑步、跳跃、坐、跳舞、抬举、驾驶等。

12.2.3 虚拟人体模型表示

"人机虚拟人"模型集人体建模、人体运动、人机特性以及人机评价标准于一身，是数字化人体工程的关键。与创建三维虚拟图形不一样，"人机虚拟人"必须像真人一样"观察和活动"，执行诸如行走、抓握、运送、施力等自然的、合适的和连贯的动作，这些要被设计人员感知到从而评价整个设计目标。

根据复杂程度和应用目的的不同，人体模型一般可以分为棒（stick）模型、二维轮廓（contour）模型、表面模型、三维体（volume）模型、层次模型等。在分层表示模型中，一个虚拟人模型由基本骨架（articulated skeleton）、肌肉层（muscle）和皮肤层（geometric skin）构成，有时也加入一层服饰层，表示虚拟人的头发、衣饰等人体装饰物品。其中的基本骨架由关节确定其状态，决定了人体的基本姿态。肌肉层确定了人体各部位的变形，皮肤变形受肌肉层的影响，最后由皮肤层确定虚拟人的显示外观。

虚拟人的几何表示方法，主要研究虚拟人在虚拟环境中的几何表示，其目的是在虚拟空间中创建虚拟人的计算图形模型，解决"是什么（What-is）"的问题，属于"本质论"的研究范畴。

早期虚拟人的几何表示常采用以下几种方法：棒模型，体模型，表面模型。

（1）棒模型将人体各肢体用棒图形表示，关节用圆点表示。

（2）体模型利用基本体素表示人体，包括圆柱体，椭球体，球体，椭圆环等。这两种方法简单，使用方便，数据量少，时空代价少，但无法表示表面的局部变化，逼真度不够。另外，棒模型很难区分遮挡情况，对扭曲和接触等运动无法表示。

（3）表面模型由一系列多边形或曲面片的表面将人体骨骼包围起来表示人体外形。主要有多边形法，参数曲面法（Bezier曲面、B样条曲面、NURBS曲面）和有限元法等。表面模型真实感较强，但数据量大、计算复杂而且建模速度较慢。

为了克服上述单个方法的不足，目前形成了一种分层表示模型。如图12-3所示，该模型综合了上述几种表示方法的优点，可以满足不同层次的逼真性要求。由基本骨架、肌肉层和皮肤层构成，有时也加入一层服饰层，表示虚拟人的头发、衣饰等人体装饰物品。其中的基本骨架由关节确定其状态，决定了人体的基本姿态。肌肉层确定了人体各部位的变形，皮肤变形受肌肉层的影响，最后由皮肤层确定虚拟人的显示外观。在人体运动过程中，皮肤的形变随着骨骼的弯曲和肌肉的伸展与收缩而变化。

虚拟人体的建模方法，主要研究在计算机生成空间里面创建逼真的虚拟人体的方法，解决"怎么做（How-to）"的问题，属于"方法学"的研究范畴。

通过交互式人体造型工具创建人体的方法目前应用较多，例如利用POSER、3DMAX和MAYA等造型软件进行人体建模，但这种方法要求造型师能够对人体的几何特性有很准确的把握，一定程度上限制了其应用范围。最好的方法是直接从现实世界中构建人体模型：

（1）基于三维测量的人体重构技术。三维人体测量主要有基于激光的扫描技术和基于莫尔波纹的投影技术两大门类，前者的代表性产品有Cyberware系统和Laser Dsign系统，后者为PMP系统。它们均可以获取除被姿势隐藏的部位以外的人体各处的三维数据。医学领域应用较多的CT（计算机x射线断层扫描）和MRI（核磁共振成像术）方法不仅能够获取人体的表面信息，而且还可以得到诸如骨骼和肌肉的内部结构。这些附加结构对于更加精细的虚拟人体建模、人体动画以及在手术模拟等医学应用中非常有用。

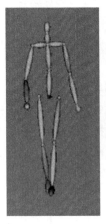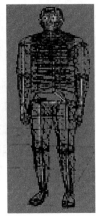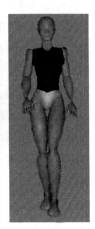

图12-3 分层人体表示模型

（2）基于图像的人体模型重建。这种方法根据计算机视觉原理，通过分析目标物体两幅图像或多幅图像序列，恢复其三维形状，这就是所谓的从运动恢复形状（Shape from motion）或从运动恢复结构（Structure from motion）技术。目前主要有两种研究思路：其一是基于二维图像的人体重建技术，输入数张照片，基于标准模型的方法从2D图像重建人体的3D模型，比如W·李（W. Lee）等人基于H-Anim 1.1的标准模型，分别从两张和三张照片中重建出具有照片真实感的人脸模型和人体模型；其二是基于视频序列的人体重建技术，这比较多的应用于人体模型与运动信息的提取和重建中。

基于三维测量的人体重构技术需要价格昂贵的3D扫描设备，对颜色的分辨率低缺乏真实感，受人体表面性质（如毛发）的影响有一定的测量误差，扫描结果需要专门的尺寸提取软件进行后处理以适应艺术与设计虚拟人研究的需要。基于图像的人体模型重建方法受图像质量影响较大，所构建的人体模型也存在较多误差，对设计领域的应用来说可能是不足的，但其建模速度快且真实的记载颜色信息，可以有效地用于艺术领域的动画实践中。

基于对三层模型的肌肉模型的方法支持，这些方法都有所欠缺，往往涉及复杂的运动学计算和有限元分析计算，计算量非常巨大，同时这些方法在人体建模方面都缺乏创造性，人体模型数据也难以重用，应用范围有限。因此研究人员又提出一些新的技术和方法：D·塔尔曼（D.Thalmann）等人使用椭圆体的元球（Metaball）模拟骨骼、肌肉和脂肪组织的大体行为，这是一种隐曲面造型技术，采用具有等势场值的点集来定义曲面，方法简单直观，与隐式曲面、参数曲面和多边形曲面结合使用可以产生非常真实健壮的人体变形；R·特纳（R.Turner）等人使用基于物理的方法，用连续弹性平面仿真人体表面；L·P·内德尔（L.P.Nedel）等人采用基于解剖学的人体变形技术，能更好地模拟由人体关节运动引起的肌肉变形。总之，高效真实的建立具有广泛应用领域的人体模型是建模方法学研究的不懈追求。

人脸的建模与肢体的建模相比较，更强调几何形状的不规则性，因此也更复杂。目前，主要有两类人脸建模的方法：几何处理的方法和图像处理的方法。几何处理的方法包括：参数化方法、有限元方法、基于肌肉的建模方法、使用伪肌肉的可视化仿真、样条建模和自由变形方法等。图像处理的方法包括：纹理映射、图像融合和Vascular表达方法等。

12.3 数字化人体工程设计应用举例

12.3.1 二维摩托车人体工程分析系统

12.3.1.1 人体工程学在摩托车设计中研究意义

由于摩托车是在人的操纵下，载人高速行进的机械，摩托车的设计必须保证驾乘者能在最佳条件和环境内高效、可靠、方便地驾驶，舒适地乘坐。同时，摩托车上与人直接相关的操纵、乘坐等零部件，如方向把、仪表、坐垫等，也构成了摩托车相当部分的外形形体。因此，人体工程学是摩托车造型设计需要考虑的重要内容之一，其内容包括：通过研究驾乘时的人体结构、人体运动生理、感觉生理，得到使人—车系统达到最佳状态的参数，并结合其他要素设计出人车协调的高质量摩托车。

12.3.1.2 研究内容

（1）对按照上述设计原则设计的摩托车进行人体工程分析与评价；

（2）基于人体二维模板的人体工程仿真分析技术，初步进行产品方案的可行性和合理性验证（如可及性等），为摩托车产品设计提供初步的参数（如各部件的高度、长度、间距等）。

（3）以测视人体模板为核心，提供产品的模拟测试、演示以及产品初步方案的可行性和合理性验证；为三维动画模拟提供设计基础。

12.3.1.3 人体数据获得

（1）部分根据中国国家人体数据标准，在此基础上进行修正。

（2）与人体工程辅助设计系统中的人体数据咨询系统连接。

（3）从人体数据软件中获取数据。

12.3.1.4 研究方法

（1）以人体侧视模板为核心，考察：

1）摩托车把手的高度。

2）摩托车座位的性状、长度。

3）摩托车踏板的高度、长度。

4）摩托车把手、座位、踏板之间的关系，以及人的驾驶姿势特征，如可及性、脊柱弯曲特性等。

5）人的驾驶视域。

（2）以人体俯视模板为核心，考察：

1）摩托车把手的间距与双手的可及性。

2）座位的宽度与人的驾驶性。

3）根据1）和2）的研究，提供摩托车设计的人体工程学参数，如高度、长度等。在产品部件的功能级上提供相关的人体工程学数据。

12.3.1.5 模型评价

根据上述原理，我们建立了人体工程评价系统。

在摩托车参数和人体参数给定的情况下，可以将摩托车模型和人体模型建立起来，如图12-4所示。

图12-4 摩托车模型

在此基础上，根据具体的人体工程算法，可以得到如图12-5所示的人体工程评价：

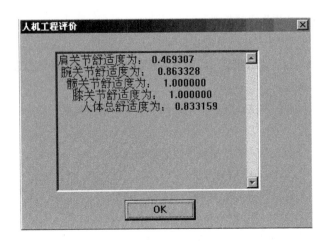

图12-5 人体工程评价

然后我们可以调整摩托车的前叉、座垫、踏板等参数,来得到不同的摩托车参数模型和人体模型(图12-6)。

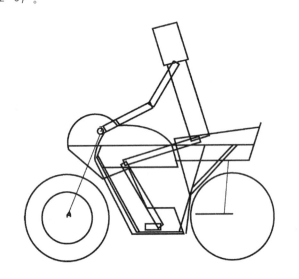

图12-6 调整摩托车的前叉、坐垫、踏板等

对此模型再次进行人体工程评价,如图12-7所示。

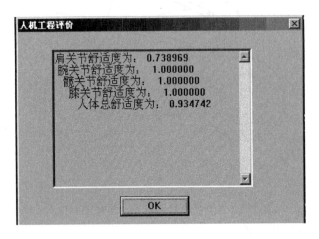

图12-7 再次人体工程评价

这样我们不断地调整摩托车的参数,由具体的人体工程评价就可以得到较佳的参数模型。

12.3.2 三维人体工程系统

我们在windows 2000操作平台上,基于"CAXA实体设计XP r2"开发版上进行二次开发,用Visual Studio C++ 6.0作开发工具,我们实现了ZJUE 1.0人体工程系统。在系统内,可以搭建人机环境,进行人机分析和评价,并将评价结果反馈,对设计进行修正(图12-8)。

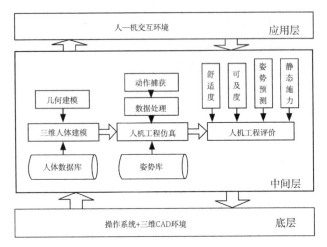

图12-8 人体工程分析与评价系统结构图

应用所开发的系统,我们以吸尘器为例,进行人机分析与评价。实验所采用的吸尘器全长1.30m,重3.5kg。

(1) 人体建模:模型设定为成年男子,身高1.75m,体重65kg(图12-9)。

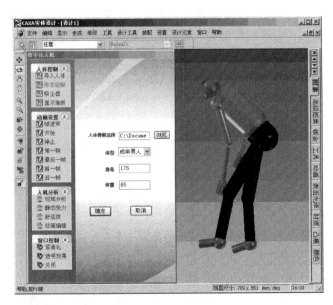

图12-9 人体建模

(2) 人体工程仿真：如图12-10所示，这是人操作吸尘器的动作仿真，另外通过微调可以进行特定动作的仿真。

12-12）。从评价结果可以看出，肘关节、肩关节的舒适度感觉较差的。

图12-10 人—吸尘器仿真

(3) 人体工程评价。

1) 舒适度评价

"舒适度"着重于作业环境对人的影响。作业环境包括热环境、照明、噪声、振动等一般环境，以及失重、超重、电离辐射等特殊环境。而本文的"舒适度"概念则特指人在某种姿势下的"关节角度"和"关节灵活度"。舒适度分析评价分为"相对主观"的分析评价方法和"相对客观"的分析评价方法。前者依赖于受试者的主观感受，往往由问答方式完成；后者通过精密仪器的测试，对受试者在舒适或不舒适的状态下，生理指标的变化和不自觉的姿势的改变进行测量，再和标准化的数据进行比对，往往不依赖于受试者的主观臆断，但对器材要求较高。

在本文所研究的系统中采用的是前一种方法（相对主观的舒适度实验算法）来获取数据。如测量肘关节的舒适度，在肘关节的活动范围内，可使人长时间保持此姿势，而且不会感到刺激和疲劳的区域定义为舒适的区域。通过计算关节的角度是否在这个舒适的区域内，则可以判断该部位是否处于舒适状态（图12-11）。

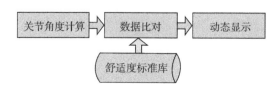

图12-11 舒适度评价流程

通过对关节角度的分析动态地进行舒适度的评价（图

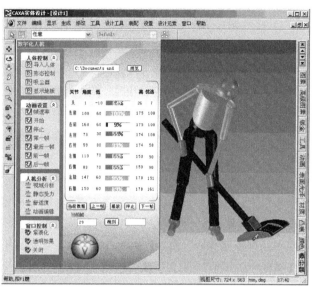

图12-12 舒适度评价

2) 可及度和姿势预测

在工作场景设计中，为了能够得到合理的人机效果，首先要判断工作场景空间中的点是否能够被人的指尖所触及，进而预测人到达该点时各个关节的角度配置。姿势预测提供了到达空间固定点时各个关节角度的估计算法，从而可以判断该点的设计是否合理，人到达该点是否有舒适、便捷、省力的姿势。本系统采用基于遗传算法的姿势预测模型来解决上述问题，具体流程如图12-13所示。在优化的过程中，我们重点考虑舒适度和重力势能以及关节活动范围这三种约束，用遗传算法将生物力学特性融入到人体模型当中，来解决关节的运动变化。

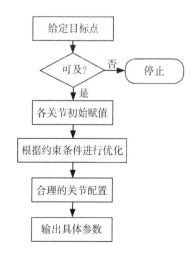

图12-13 可及度和姿势预测评价流程

通过关节链结构的范围驱动，可以得到手指间的可及范围，从而判断空间点是否可及。在可及的前提下，得到合理的关节配置。

3) 静态受力分析

人体力量在人体活动中起着很重要的作用。操作者必须向被操作物施加特定的力量才能达到移动、转动、摆动等目的。人的施力强度有一定的极限，操作力量要求低于人体力量极限，是人机系统设计中必须遵守的原则。在人机系统设计中，必须根据实际情境，确立适合操作者特点的用力要求（类型、大小、方向）。

在本文所研究的系统中，针对于在手上施力，对肩、肘所受到的力矩进行分析（默认为右手力者）。为了简化处理，将手掌默认为一个质心。

设人体质量为W，由人体生物力学参数表可知，手掌质量$W_1=0.006W$，前臂质量 $W_2=0.018W$，上臂质量$W_3=0.0357W$。设手上施加质量V，即$W_1=0.006W+V$。

将虚拟手臂投影到同一水平面内，如图12-14所示。A表示肩关节部位投影点，B表示肘关节部位投影点，C表示手掌部位投影点。E、D分别表示上臂、前臂的质心位置，设L_2为BC长度，L为BA长度，由人体生物力学参数表知中心位置D在0.430 L_2处，E在0.436 L_3处，即BD＝0.430 L_2，AE＝0.436 L_3。

因此，对肘关节（B）的力矩为$W_1×L_2+W_2×0.430×L_2$。同理，对肩关节（A）的力矩也可以通过三角计算得出。

通过输入人体质量和右手上附加的物体质量，计算当前姿势下肘与肩所受到的力矩（图12-15）。通过系统计算，可得肘关节的最大的受力力矩为29.85Nm，根据比对受力标准，可以看出长期操作会引起肌肉劳损。

图12-15 静态受力分析

（4）由上述分析与评价得出如下结论：标准身高1.70m的人在操作该吸尘器时肩和肘关节舒适度不高，肘关节受力较大，建议设计修改时降低吸尘器的高度和减轻吸尘器的重量。

本章思考题

（1）试述数字化人体工程的含义及其关键技术。

（2）你认为一个数字化人体工程软件系统应具有哪些功能才对设计给予帮助？

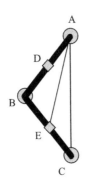

图12-14 关节Z轴方向投影示意图

参考文献

[1] 朱序璋. 人机工程学. 西安：西安电子科技大学，1999.
[2] 王熙元，吴静方. 实用设计人机工程学. 上海：中国纺织大学出版社，2001.
[3] 徐孟，孙守迁，潘云鹤. 计算机辅助人机工程研究进展. 杭州：浙江大学，2003.
[4] 丁玉兰. 人机工程学. 北京：北京理工大学出版社，1999.
[5] 袁修干，庄达民. 人机工程[M]. 北京：北京航空航天大学出版社，2002.
[6] 王继成. 产品设计中的人机工程学. 北京：化学工业出版社，2004.
[7] 阮宝湘. 人机工程学课程设计/课程论文选编. 北京：机械工业出版社，2005.
[8] 阮宝湘. 工业设计人机工程. 北京：机械工业出版社，2005.
[9] 郭青山. 人机工程设计. 天津：天津大学出版社，1994.
[10] 马江彬. 人机工程学及其应用. 北京：机械工业出版社，1993.
[11] 陈毅然. 人机工程学. 武汉：华中工学院出版社，1990.
[12] 曹琦. 人机工程. 成都：四川科学技术出版社，1991.
[13] 曹琦. 人机工程设计. 成都：西南交通大学出版社，1988.
[14] 何灿群. 产品设计人机工程学. 北京：化学工业出版社工业装备与信息工程出版中心，2006.
[15] 赵江洪. 人机工程学. 北京：高等教育出版社，2006.
[16] 张月. 室内人体工程学. 北京：中国建筑工业出版社，2005.
[17] 杨玮娣. 人体工程与室内设计. 北京：中国水利水电出版社，2005.
[18] 刘盛璜. 人体工程学与室内设计. 北京：中国建筑工业出版社，2004.
[19] 徐军. 人体工程学概论. 北京：中国纺织工业出版社，2002.